典型地区居民金属环境总暴露研究报告（汞、镉、砷、铅、铬）

中国环境科学研究院　著

中国环境出版集团·北京

图书在版编目（CIP）数据

典型地区居民金属环境总暴露研究报告. 汞、镉、砷、铅、铬/中国环境科学研究院著. —北京：中国环境出版集团，2019.8

ISBN 978-7-5111-3891-0

Ⅰ.①典⋯　Ⅱ.①中⋯　Ⅲ.①居住区—重金属污染物—研究报告—中国　Ⅳ.①X503.1

中国版本图书馆 CIP 数据核字（2018）第 300165 号

出　版　人	武德凯
责任编辑	孟亚莉
责任校对	任　丽
封面设计	彭　杉

更多信息，请关注
中国环境出版集团
第一分社

出版发行　中国环境出版集团
　　　　　（100062　北京市东城区广渠门内大街 16 号）
　　　　　网　　址：http://www.cesp.com.cn
　　　　　电子邮箱：bjgl@cesp.com.cn
　　　　　联系电话：010-67112765（编辑管理部）
　　　　　　　　　　010-67112735（第一分社）
　　　　　发行热线：010-67125803，010-67113405（传真）

印　　刷	北京盛通印刷股份有限公司
经　　销	各地新华书店
版　　次	2019 年 8 月第 1 版
印　　次	2019 年 8 月第 1 次印刷
开　　本	787×1092　1/16
印　　张	12.25
字　　数	200 千字
定　　价	98.00 元

组织实施

组织领导　生态环境部

技术执行　中国环境科学研究院

中国辐射防护研究院

甘肃省生态环境科学设计研究院

华中科技大学

四川大学

大连海洋大学

华东理工大学

北京科技大学

中南大学

环境基准与风险评估国家重点实验室

编写委员会

撰写组

主　编　赵秀阁

副主编　王丹璐　邹　滨　杨立新　段小丽

成　员（按笔画排序）

万延建	马　瑾	王贝贝	王　伟	王红梅	王宗爽
王剑峰	王菲菲	车　飞	白英臣	刘占旗	吕占禄
张亚群	张　晗	李　霁	李天昕	李政蕾	杜　伟
杨　文	陈棉彪	周小林	姜　艳	徐顺清	钱　岩
高　健	崔长征	曹素珍	赖　波	魏永杰	

技术顾问（按笔画排序）

于云江	王五一	王若涛	王建生	吕怡兵	许秋瑾
许　群	孙承业	李发生	吴丰昌	伯　鑫	狄一安
张凤英	张金良	张　梅	张　磊	陈育德	林春野
尚　琪	金水高	周岳溪	郑丙辉	赵淑莉	姜　勇
徐东群	陶　燕	郭新彪	席北斗	阚海东	颜增光

各片区参加调查人员

山西省

刘占旗　周小林　孟倩倩　薛振伟　段耀飞　赵亮军　张美珍
段红英　赵月娥　李俊峰　张　燕　耿春梅　李建军

辽宁省

王　伟　郝　佳　姜欣彤　韩雨哲　赵欣涛　陈文博　姚　锋
张赛赛　董安然　李雪洁　陈博锦　成智丽　孙鹏飞　王一诺
罗　珺　柏彬彬　关　莹　牟玉双　魏艳超　王　月　吴月阳
王宏宇　王文杰

上海市

崔长征　林匡飞　田俊杰　胡亚茹　石　杰　任　静　姚诗杰
韩　琪　王漫莉　曹　赞　雷丹丹

湖北省

徐顺清　万延建　夏　玮　李媛媛　杨雪雨　钱　熙　程　璐
刘洪秀　陈　晓　魏　薇　梅　凤　石　仙　朱应双　霍文倩
吴春江　胡　晶　韩筱俣

四川省

赖　波　袁　月　张　恒　干志伟　纪方舟　赖蕾朵　彭佳丽
闫建飞　任　逸　李　君　熊兆锟

甘肃省

张亚群　尚婷婷　周　静　王　潇　丁杰萍　张　昉　汤　超
魏素娟　陈明霞　温　飞　王乃亮

前　言

在过去的三十多年里，我国经济快速发展，长期积累下来的生态环境问题当前正日益显现，目前已进入高发、频发阶段，生态环境问题已成为我国当下亟待解决的重要民生问题之一。习近平总书记在 2018 年全国生态环境保护大会上指出："生态文明建设正处于压力叠加、负重前行的关键期，已进入提供更多优质生态产品以满足人民日益增长的优美生态环境需要的攻坚期，也到了有条件有能力解决生态环境突出问题的窗口期。"

生态环境部以提高国家环境风险防控能力与保障公众健康为目标，在"十三五"期间组织中国环境科学研究院等单位开展了我国首次大规模人群环境总暴露研究工作。该项工作于 2016 年启动，是继"十二五"中国人群环境暴露行为模式研究工作之后，为了解我国居民污染物环境总暴露特征，提高环境与健康风险评估能力而开展的又一项十分重要的基础性环境与健康专项调查研究工作，填补了国内此项工作的空白。

环境总暴露反映了人群污染物多介质、多途径的暴露水平及其贡献比，是表征暴露介质浓度和人群环境暴露特点的综合性指标，在以保障公众健康为目的确定环境风险防控重点及优先序中具有更强的针对性，可为环境健康基准制修订提供科学依据。美国、日本、韩国和欧盟等国家和地区结合本国环境管理的需要，陆续组织开展了人群环境总暴露研究工作，为其国家环境健康基准的制修订及有针对性的污染防治措施及政策的出台提供了重要的基础数据。基于我国典型地区居民金属环境总暴露研究第一阶段工作撰写完成的《典型地区居民金属环境总暴露研究报告（汞、镉、砷、铅、铬）》和《典型地区居民金属环境总暴露量及贡献比手册（汞、镉、砷、铅、铬）》，系统反映了典型地区居民汞、镉、砷、铅、铬经饮用水、土壤、空气和膳食的环境总暴露水平及暴露介质贡献比，同时揭示了我国与国外人群环境总暴露水平的一致性规律及其存在的差异。

研究成果可为我国现阶段开展以风险防控为导向、综合考虑多途径、多介质环境综合暴露特征的环境健康基准的制修订工作提供最为直接的数据保障；助力改变当前国家和地方重大环境治理与食品安全监管工程中居民环境暴露风险评估面临的关键、客观、有效暴露参数缺失的现状；同时服务我国原有宏观导向性环境健康风险防控指导方式的基础上，助力开辟面向暴露空间、暴露行为、暴露防护措施的个体全方位、全周期时空精准化环境暴露风险防控新格局；推动我国环境保护管理工作从污染治理提升至风险防控的新阶段，为我国人群环境精细化暴露评价、精准化污染风险防控及评估体系的建立奠定基础。

本书旨在为相关科研和管理人员提供参考和借鉴。由于时间和经验所限，在编制过程中难免存在不足之处，敬请广大读者批评指正。

编委会

2018 年 11 月

摘　要

为了解我国居民污染物环境总暴露特征，获得居民环境总暴露基础数据，为制定环境健康基准、明确污染物优先防控次序提供科学依据，生态环境部（原环境保护部）将开展人群污染物环境总暴露调查纳入《国家环境保护"十三五"环境与健康工作规划》（环科技〔2017〕30号）重点任务，委托中国环境科学研究院于"十三五"期间选择典型地区针对金属组织开展了人群环境总暴露研究。2016—2017年，中国环境科学研究院完成了典型地区居民汞、镉、砷、铅、铬环境总暴露研究并形成本报告。

一、基本情况

本次调查选取太原市、大连市、上海市、武汉市、成都市和兰州市的15个区/县18岁及以上居民3876人作为调查对象（有效样本3855人），采用环境暴露行为模式调查和环境暴露监测相结合的方式，调查了居民与金属相关的环境暴露行为模式，采集分析了调查对象日常暴露的空气、饮用水、土壤和膳食中汞、镉、砷、铅和铬的含量，估算了居民环境总暴露水平及环境暴露介质贡献比。

二、主要结论

（1）调查居民汞、镉、砷、铅、铬的环境总暴露水平分别为 0.0472 μg/（kg·d）、0.1215 μg/（kg·d）、1.4135 μg/（kg·d）、0.8452 μg/（kg·d）和 3.7596 μg/（kg·d），暴露来源以膳食为主，其次为饮用水、土壤和空气，贡献比分别为 61.23%～99.77%、0.16%～30.69%、0.03‰～17.21%和 0.01‰～1.67%。

（2）调查居民汞、镉、砷、铅、铬微环境暴露（膳食、室内空气、饮水和用水）贡献比为 96.90%～99.93%，高于大环境暴露（室外空气、交通空气、土壤）。饮食习惯、烹饪燃料类型、供暖方式及饮用水类型等是影响微环境暴露水平的重要因素。

（3）调查居民汞、镉、砷、铅、铬环境总暴露水平存在地区、城乡、性别和年龄差异。自然环境、社会经济、产业布局等是导致调查居民环境总暴露水平地区、城乡差异的重要因素；人群环境暴露行为模式是导致同一地区调查居民环境总暴露水平性别和年龄差异的重要因素。

（4）本研究填补了我国暴露评估领域基础数据的空白，了解了不同调查地区居民汞、镉、砷、铅、铬环境总暴露的特点，揭示了我国与国外人群环境总暴露水平的一致性规律及其存在的差异，研究成果可为我国环境健康基准制修订提供科学数据支撑。

（5）环境总暴露水平可以反映人群污染物多暴露途径的暴露量和贡献比，是表征暴露介质浓度和人群环境暴露特点的综合性指标，在以保障公众健康为目的确定环境风险防控重点及优先序中具有更强的针对性。

三、建议

（1）加强环境总暴露相关基础研究，重点开展环境总暴露调查技术规范、评价标准及应用服务研究，在一般地区与人群基础上，着重加强污染地区和敏感人群调查，推动环境总暴露调查成果在环境基准制修订、环境健康风险防控等工作中的应用。

（2）结合全国生态环境监测网络建设工作，优化人群环境总暴露调查监测方案，开展与健康密切相关的污染物的补充监测，为开展全国范围常态化居民环境总暴露调查、监测和风险评估，以及以健康风险防控为导向的环境管理工作奠定基础。

（3）加大公众环境与健康宣教力度，增强居民环境健康风险防范意识，提高公民环境与健康素养水平，营造爱护生态环境、倡导健康生活的良好风气。

目 录

第一章 概述 1

一、背景 1

二、目的 2

三、调查对象 2

四、研究方法 2

（一）抽样设计 2

（二）环境暴露行为模式调查 5

（三）暴露介质监测 5

（四）环境总暴露估算 7

五、数据管理 7

（一）数据采集与上报 7

（二）数据审核与清洗 7

六、统计分析与结果表达 8

（一）统计分析 8

（二）结果表达 8

七、质量控制和质量评价 8

（一）质量控制 8

（二）质量评价 9

第二章 暴露参数 12

一、人群分布 12

二、身体特征 16

（一）身高 16

（二）体重 16

（三）皮肤表面积 17

三、摄入量 18

　　（一）长期呼吸量 18

　　（二）膳食摄入量 19

　　（三）饮水摄入量 20

四、时间—活动模式 20

　　（一）与空气相关的时间—活动模式 20

　　（二）与土壤相关的时间—活动模式 23

　　（三）与水相关的时间—活动模式 24

五、综合暴露系数 26

　　（一）与空气相关综合暴露系数 26

　　（二）与饮用水相关综合暴露系数 28

　　（三）与土壤相关综合暴露系数 30

　　（四）与膳食相关综合暴露系数 32

第三章　暴露介质 33

一、样本分布 33

二、浓度水平 34

　　（一）汞 34

　　（二）镉 36

　　（三）砷 37

　　（四）铅 38

　　（五）铬 40

第四章　环境总暴露水平 42

一、汞 44

　　（一）空气 45

　　（二）饮用水 48

　　（三）土壤 50

　　（四）膳食 53

二、镉 54

　　（一）空气 55

　　（二）饮用水 57

　　（三）土壤 60

（四）膳食 63

三、砷 63

（一）空气 64

（二）饮用水 67

（三）土壤 69

（四）膳食 72

四、铅 73

（一）空气 74

（二）饮用水 76

（三）土壤 79

（四）膳食 82

五、铬 82

（一）空气 83

（二）饮用水 86

（三）土壤 88

（四）膳食 91

第五章　暴露介质贡献比 93

一、汞 94

（一）空气 95

（二）饮用水 98

（三）土壤 101

（四）膳食 103

二、镉 104

（一）空气 105

（二）饮用水 108

（三）土壤 110

（四）膳食 113

三、砷 113

（一）空气 114

（二）饮用水 117

（三）土壤 120

（四）膳食 ⋯⋯⋯⋯⋯⋯⋯⋯⋯⋯⋯⋯⋯⋯⋯⋯⋯⋯⋯ 122

四、铅 ⋯⋯⋯⋯⋯⋯⋯⋯⋯⋯⋯⋯⋯⋯⋯⋯⋯⋯⋯⋯⋯⋯⋯ 123

（一）空气 ⋯⋯⋯⋯⋯⋯⋯⋯⋯⋯⋯⋯⋯⋯⋯⋯⋯⋯⋯⋯ 124

（二）饮用水 ⋯⋯⋯⋯⋯⋯⋯⋯⋯⋯⋯⋯⋯⋯⋯⋯⋯⋯⋯ 127

（三）土壤 ⋯⋯⋯⋯⋯⋯⋯⋯⋯⋯⋯⋯⋯⋯⋯⋯⋯⋯⋯⋯ 129

（四）膳食 ⋯⋯⋯⋯⋯⋯⋯⋯⋯⋯⋯⋯⋯⋯⋯⋯⋯⋯⋯⋯ 132

五、铬 ⋯⋯⋯⋯⋯⋯⋯⋯⋯⋯⋯⋯⋯⋯⋯⋯⋯⋯⋯⋯⋯⋯⋯ 132

（一）空气 ⋯⋯⋯⋯⋯⋯⋯⋯⋯⋯⋯⋯⋯⋯⋯⋯⋯⋯⋯⋯ 133

（二）饮用水 ⋯⋯⋯⋯⋯⋯⋯⋯⋯⋯⋯⋯⋯⋯⋯⋯⋯⋯⋯ 136

（三）土壤 ⋯⋯⋯⋯⋯⋯⋯⋯⋯⋯⋯⋯⋯⋯⋯⋯⋯⋯⋯⋯ 138

（四）膳食 ⋯⋯⋯⋯⋯⋯⋯⋯⋯⋯⋯⋯⋯⋯⋯⋯⋯⋯⋯⋯ 141

第六章　讨论 ⋯⋯⋯⋯⋯⋯⋯⋯⋯⋯⋯⋯⋯⋯⋯⋯⋯⋯⋯⋯ 143

一、与国外相关研究的比较 ⋯⋯⋯⋯⋯⋯⋯⋯⋯⋯⋯⋯⋯ 143

二、环境总暴露水平差异性分析 ⋯⋯⋯⋯⋯⋯⋯⋯⋯⋯⋯ 147

（一）居民汞、镉、砷、铅和铬环境总暴露水平地区、城乡
差异明显 ⋯⋯⋯⋯⋯⋯⋯⋯⋯⋯⋯⋯⋯⋯⋯⋯⋯⋯ 147

（二）居民汞、镉、砷、铅和铬环境总暴露水平性别和年龄
差异明显 ⋯⋯⋯⋯⋯⋯⋯⋯⋯⋯⋯⋯⋯⋯⋯⋯⋯⋯ 148

（三）供暖方式、烹饪燃料类型以及饮水类型是影响各介质暴露
水平的重要因素 ⋯⋯⋯⋯⋯⋯⋯⋯⋯⋯⋯⋯⋯⋯⋯ 150

三、环境总暴露研究结果的应用 ⋯⋯⋯⋯⋯⋯⋯⋯⋯⋯⋯ 151

第七章　结论和建议 ⋯⋯⋯⋯⋯⋯⋯⋯⋯⋯⋯⋯⋯⋯⋯⋯⋯ 154

一、主要结论 ⋯⋯⋯⋯⋯⋯⋯⋯⋯⋯⋯⋯⋯⋯⋯⋯⋯⋯⋯ 154

二、局限性 ⋯⋯⋯⋯⋯⋯⋯⋯⋯⋯⋯⋯⋯⋯⋯⋯⋯⋯⋯⋯ 155

三、建议 ⋯⋯⋯⋯⋯⋯⋯⋯⋯⋯⋯⋯⋯⋯⋯⋯⋯⋯⋯⋯⋯ 155

参考文献 ⋯⋯⋯⋯⋯⋯⋯⋯⋯⋯⋯⋯⋯⋯⋯⋯⋯⋯⋯⋯⋯⋯ 156

附件 1　典型地区居民金属环境总暴露行为模式调查问卷 ⋯⋯⋯ 159

附件 2　暴露参数计算方法 ⋯⋯⋯⋯⋯⋯⋯⋯⋯⋯⋯⋯⋯⋯ 171

附件 3　暴露量估算方法 ⋯⋯⋯⋯⋯⋯⋯⋯⋯⋯⋯⋯⋯⋯⋯ 175

第一章　概　述

一、背景

环境总暴露是指空气、饮用水、土壤和膳食等介质中的单一污染物经人体消化道、呼吸道和皮肤等多途径暴露的总量[1,2]，主要受人群环境暴露行为模式和暴露介质中污染物浓度的影响。1979 年，美国环境保护局启动了为期 6 年的环境总暴露研究[3]，建立了环境总暴露研究方法及相关评估模型。2001 年，美国加利福尼亚大学利用环境监测数据和美国人群暴露参数，针对砷开展了全国范围的人群环境总暴露研究[4]。进入 21 世纪，基于美国环境保护局建立的环境总暴露研究方法和相关评估模型，结合本国环境管理需要，日本[5-7]、韩国[8]和欧盟[9]等国家和地区陆续组织开展了人群环境总暴露研究。这些研究极大地推动了暴露科学的发展，研究获得的居民污染物环境总暴露水平及各暴露介质的贡献比，为各国制定环境健康基准[10,11]、有针对性地开展污染防治[3,12-16]提供了重要的基础数据。

针对我国该领域长期缺乏系统性研究、基础数据不足的问题，生态环境部（原环境保护部）将开展人群环境总暴露调查纳入《国家环境保护"十三五"环境与健康工作规划》（环科技〔2017〕30 号）重点任务，委托中国环境科学研究院牵头组织，于"十三五"期间选择部分地区开展 15 种金属环境总暴露研究。2016—2017年，中国环境科学研究院首先完成了典型地区居民汞、镉、砷、铅和铬环境总暴露研究并形成本报告。

二、目的

了解我国居民汞、镉、砷、铅和铬的环境总暴露水平及其主要影响因素，为制修订环境健康基准、开展污染防治、确定环境健康风险管理重点提供科学依据。

三、调查对象

太原市、大连市、上海市、武汉市、成都市和兰州市的 15 个区/县 18 岁及以上常住居民（在调查地居住 6 个月以上）3876 人。

四、研究方法

本研究主要包括抽样设计、环境暴露行为模式调查、暴露介质监测、环境总暴露估算 4 个部分。

（一）抽样设计

1．样本量计算

以地区（华北、东北、华东、华南、西南、西北）、城乡（城市、农村）、性别（男、女）和年龄（18～44 岁、45～59 岁、60 岁及以上）为主要分层因素进行抽样，以体重[a]为基本暴露参数进行样本量估算。根据式（1-1）和式（1-2），得出每层所需最小样本量为 35 人，总样本量为 3150 人。本次实际调查人数为 3876 人，有效样本量为 3855 人，满足调查样本量的要求。

$$n = \left(\frac{U_{\alpha/2} \times \sigma}{\delta \times \mu} \right)^2 \times \mathrm{deff} \qquad (1\text{-}1)$$

$$N = \frac{n \times q}{1 - p} \qquad (1\text{-}2)$$

---

a 体重为计算污染物经各介质暴露量所需的共有参数，且以体重为基本参数进行样本量估算获得的样本量相对较大，因此本研究以体重为基本参数进行样本量估算。

式中：n——每层最小样本量；

　　　$U_{\alpha/2}$——显著性水平为95%时相应的标准正态差，取1.96；

　　　σ——中国18岁及以上人群体重的标准差，取11.7；

　　　δ——允许误差，取10%；

　　　μ——中国18岁及以上人群体重的算术均数，取61.9[b]；

　　　deff——设计效应值，取2.5。

　　　N——总样本量；

　　　q——分层因素的乘积，取72[c]；

　　　p——失访率，取20%。

2. 抽样步骤和方法

第一步：抽取调查地区。综合分析自然地理、资源环境、产业结构、社会经济、生活方式等状况，基于方便抽样原则在华北、东北、华东、华南、西南和西北各选择1个城市作为调查地区（表1-1）。

第二步：抽取调查点位。每个调查地区随机抽取城市和农村调查点位各1个，在每个城市调查点位随机抽取不少于3个街道，农村调查点位随机抽取不少于3个乡镇。要求调查点位不处于国家或地方重金属重点防控区，调查街道和乡镇周边5 km范围内无涉重企业。

第三步：抽取调查人群。在调查街道和乡镇随机抽取调查户，每户抽取1人，要求年龄18岁及以上、在调查地区居住6个月以上、无长期服药史。调查人群城乡、男女各半。

3. 调查对象置换

入户调查时，遇失访（调查对象搬家、住房拆除、无人居住，经调查员尝试三次后仍联系不上）和拒访（包括拒绝填写问卷、问卷填写或调查时中途退出）情况，按就近原则置换家庭户和调查对象并记录置换情况。置换率不应超过10%。

---

b 环境保护部. 中国人群暴露参数手册（成人卷）. 北京：中国环境出版社，2013：750.

c 分层因素：地区6层、城乡2层、性别2层、年龄3层，$q = 6×2×2×3$。

表 1-1 调查地区及调查人群基本情况

城市类型		环境暴露场景相关信息	调查样本量/人	备注
内陆煤烟型城市	城市	内陆能源型北方城市，属暖温带半干旱性季风型大陆性气候，四季分明；冬季集中供暖；主食以面和米为主；集中式供水	360	山西省太原市
	农村	内陆能源型北方农村，属暖温带半干旱性季风型大陆性气候，四季分明；冬季分散式供暖，多采用固体燃料；主食以面为主；分散式供水和小型集中式供水并存	336	
沿海工业型城市	城市	沿海工业型北方城市，属海洋性特点的暖温带大陆性季风气候，四季分明；冬季集中供暖；主食以米为主，海产品使用比例较高；集中式供水	287	辽宁省大连市
	农村	沿海工业港口型北方农村，属海洋性特点的暖温带大陆性季风气候，四季分明；冬季分散式供暖，多采用固体燃料；主食以米为主；分散式供水和小型集中式供水并存	334	
一线商业型大城市	城市	一线商业型大城市，属亚热带季风气候；冬季无集中式供暖；部分存在电供暖；主食以米为主；集中式供水，且部分存在分户式净化设施	298	上海市
	农村	一线商业型大城市农村，属亚热带季风气候；冬季无集中式供暖；主食以米为主；分散式供水和小型集中式供水并存	301	
沿江港口型城市	城市	沿江港口工业型城市，属亚热带季风气候；冬季无集中式供暖，存在少量电供暖；主食以米为主；集中式供水	355	湖北省武汉市
	农村	沿江港口型农村，属亚热带季风气候；冬季无集中供暖；主食以米为主；小型集中式供水和分散式供水并存	265	
盆地工业型城市	城市	盆地腹地工业型城市，属亚热带湿润季风气候；冬季不集中供暖；主食以米为主；集中式供水	335	四川省成都市
	农村	盆地腹地工业型农村，属亚热带湿润季风气候；冬季不集中供暖，存在少量固体燃料供暖；主食以米为主；农村小型集中式供水和分散式供水并存	296	
内陆沙尘型城市	城市	内陆沙尘型西北城市，属温带半干旱气候，大陆性气候十分显著；冬季集中供暖；主食以面为主；集中式供水	347	甘肃省兰州市
	农村	内陆沙尘型西北农村，属温带半干旱气候，大陆性气候十分显著；冬季分散式供暖，多采用固体燃料；主食以面为主；分散式供水（以井水和窖水为主）和小型集中式供水并存	341	

（二）环境暴露行为模式调查

包括调查对象的基本情况、身体特征、摄入量和时间—活动模式（表 1-2），其中身高和体重采用现场实测，皮肤表面积和呼吸量采用模型估算，其余各参数采用问卷调查（附件 1 和附件 2）。

表 1-2　调查内容及方法

类别		调查内容	调查方法
基本情况		性别、年龄、民族、文化程度、职业等	问卷调查
环境暴露行为模式	身体特征	身高、体重	现场实测
		皮肤表面积	模型估算
	摄入量	膳食摄入量、饮水摄入量	问卷调查
		呼吸量	模型估算
	时间—活动模式	室内活动时间、室外活动时间、交通出行时间、洗澡时间、游泳时间、土壤接触时间	问卷调查

（三）暴露介质监测

在每个调查地区，以城乡、性别和年龄为分层因素，随机抽取 10% 调查对象，对其所暴露的空气（室内、室外和交通）、饮用水、土壤和膳食中汞、镉、砷、铅和铬的浓度水平，监测点位布设、采样和检测分析方法见表 1-3。

表 1-3　暴露介质监测内容及方法

暴露介质	布点原则	采样频次	采样方法	检测分析
饮用水	末梢龙头水或分散式供水上层清水	采暖季和非采暖季各 1 次	《生活饮用水标准检验方法　水样的采集与保存》（GB/T 5750.2—2006）	《生活饮用水标准检验方法　金属指标》（GB/T 5750.6—2006）、《水质　汞、砷、硒、铋和锑的测定　原子荧光法》（HJ 694—2014）

暴露介质		布点原则	采样频次	采样方法	检测分析
土壤		调查对象家庭室外或农田等主要活动区域，采用随机法布设采样点，采集表层土	1 次	《土壤检测　第 1 部分：土壤样品的采集、处理和贮存》（NY/T 1121.1—2006）	《铍、硼、铝、铬、锰、铁、钴、镍、铜、锌、砷、硒、钼、镉、锡、锑、钡、铊、铅等元素》（US EPA 200.8—1994）、《土壤质量　总汞、总砷、总铅的测定　原子荧光法》（GB/T 22105—2008）
空气	室内	调查对象室内主要活动区域	采暖季和非采暖季各 1 次，每次连续采集 3 天，每天不少于 22 h，周中 2 天，周末 1 天	《室内环境空气质量监测技术规范》（HJ/T 167—2004）	《环境空气　汞的测定　巯基棉富集-冷原子荧光分光光度法》（HJ 542—2009）、《空气和废气颗粒物中铅等金属元素的测定电感耦合等离子体质谱法》（HJ 657—2013）
	室外	调查对象室外主要活动区域	采暖季和非采暖季各 1 次，每次连续采集 3 天，每天不少于 22 h，周中 2 天，周末 1 天，采样时段与室内采样一致	《环境空气质量监测点位布设技术规范（试行）》（HJ 664—2013）、《环境空气质量手工监测技术规范》（HJ/T 194—2005）	
	交通	调查地区主要交通干道道路边界 50 m 处	采暖季和非采暖季各 1 次，每次连续采集 3 天，每天不少于 22 h，周中 2 天，周末 1 天，采样时段与室内采样一致	《环境空气质量监测点位布设技术规范（试行）》（HJ 664—2013）、《环境空气质量手工监测技术规范》（HJ/T 194—2005）	
膳食		调查对象一日内摄入的膳食，采用复盘法收集	采暖季和非采暖季各 1 次，每次连续采集 3 天，周中 2 天，周末 1 天	《农、畜、水产品污染监测技术规范》（NY/T 398—2000）、《膳食调查方法（第 2 部分：称重法）》（WS/T 426.2—2013）	《食品安全国家标准　食品中多元素的测定》（GB 5009.268—2016）、《食品安全国家标准　食品中总砷及无机砷的测定》（GB 5009.11—2014）、《食品安全国家标准　食品中总汞及有机汞的测定》（GB 5009.17—2014）

（四）环境总暴露估算

1. 环境总暴露量

基于环境暴露行为模式调查、暴露介质监测获取的人群暴露参数和污染物浓度水平，估算调查人群汞、镉、砷、铅和铬经空气、饮用水、土壤和膳食的暴露量及环境总暴露量，详见附件 3。

2. 暴露介质贡献比

根据式（1-3）分别估算各环境暴露介质贡献比。

$$RSC_i = \frac{ADD_i}{\sum ADD} \times 100\% \tag{1-3}$$

式中：RSC_i——污染物环境暴露介质 i 贡献比；

ADD_i——污染物经环境暴露介质 i 的暴露量；

$\sum ADD$——污染物环境总暴露量。

五、数据管理

（一）数据采集与上报

建立"中国人群环境总暴露调查信息系统"，按照统一数据标准、操作流程进行数据采集、报送、管理和共享，同时对变量的合法阈值及跳转项等进行相关设定提醒。各调查点采用移动信息采集终端（PAD，Android 4.0 及以上操作系统）进行数据采集和上报。

（二）数据审核与清洗

设立调查数据二级审核制度。调查点问卷质控员负责一级审核，中国环境科学研究院负责二级审核。二级审核通过的数据方可存储入库。

中国环境科学研究院制订数据清洗方案，以城乡、性别和年龄等为关键变量，采用 SAS 9.4 软件，对每个变量的缺失值进行标记和分析，并剔除逻辑错误和非法值。

六、统计分析与结果表达

（一）统计分析

本报告研究结果以描述性统计分析为主。计量资料采用算术均值对平均水平进行统计描述，计数资料采用样本量和构成比进行统计描述。

（二）结果表达

（1）膳食摄入量、饮水摄入量、时间—活动模式参数，以及分类指标样本量，取值保留整数。

（2）身体特征参数、长期呼吸量、土壤接触比例以及游泳比例，取值保留小数点后 2 位。

（3）综合暴露系数、暴露介质中污染物浓度、暴露量以及暴露介质贡献比，取值保留小数点后 4 位（100%除外）。

七、质量控制和质量评价

（一）质量控制

1. 准备阶段

方案制订：参考国内外相关调查方案与问卷，通过多次专家咨询、论证及现场预调查，最终确定调查方案与调查问卷。

技术培训：中国环境科学研究院对调查地区技术骨干统一进行技术培训。所有参加调查的组织者、质控员、督导员和调查员必须通过培训考核，合格后方能参加调查（表 1-4）。

物资准备：为各调查地区统一提供调查所需工作手册和标准量具（标准杯和标准碗）。

预调查：为保证调查工作的顺利开展，在正式调查开展前，对甘肃省兰州市的部分居民进行预调查，并对发现的问题进行了调整和改进。

实验室盲样考核：参与检测的实验室通过盲样考核方可开展工作，且检测实验室具有相关仪器或检测资质认证（表1-6）。

2．实施阶段

问卷调查：主要包括调查员自查、质控员复查和督导员抽查等质控措施（表1-4）。

环境暴露监测：严格按照调查方案进行，现场监测必须保存影像资料，并上传至调查系统备查；监测设备使用前均需校准并记录。

现场督导：严格按照项目督导方案，保质保量开展现场督导工作。

3．完成阶段

数据录入及上报：暴露介质监测数据采用数据直报的方式，按照数据审核方案，调查地区质控员负责监测数据审核，项目组负责监测数据核查入库。

数据清洗与分析：制订数据清洗与分析方案，分两组独立进行数据清洗和分析，并对两组的清洗和分析结果进行比较。

（二）质量评价

本次调查具有良好的有效性和可靠性，质量控制结果见表1-4～表1-6。

表1-4 环境暴露行为模式调查质控指标及结果

指标	指标计算方法	要求	问卷数量	结果
调查员培训考核合格率	考核合格人数/参训人数×100%	100%	—	100%
调查对象置换率	置换调查对象人数/调查对象人数×100%	≤10%	—	5.0%
问卷审核率	现场审核问卷数量/回收问卷数量×100%	100%	审核3876份	100%
问卷有效率	有效问卷数量/回收问卷数量×100%	≥95%	有效3855份	99.5%
关键变量应答率	关键变量应答量/关键变量回收问卷量×100%	≥80%	—	80.0%
问卷二次复核率	抽查问卷数量/回收问卷数量×100%	≥5%	抽查250份	6.5%
问卷复核一致率	关键变量一致问卷数量/抽查问卷数量×100%	≥95%	一致247份	98.8%

表 1-5　环境暴露监测样品采集质量控制指标及结果*

样品类型	质控指标	要求	采样批次	平行样采集数量/件		合格率/%
				要求	实际采集	
室内空气	平行样采集数量	每批样品至少采集2组平行样	39	78	137	100
室外空气			39	78	78	100
交通空气			42	84	87	100
饮用水			42	84	92	100
土壤			32	64	65	100

注：*膳食样品采用双份饭法采集，无平行样品。

表 1-6　环境暴露监测样品实验室检测质量控制指标及结果

项目	数量指标				质量指标				
	指标	要求	实测	合格率/%	评价指标	计算方法	要求	实测	合格率/%
盲样	—	—	—	—	绝对偏差	测定值/标准值×100%	≤±20%	≤±10%	100
采样平行	见表1-5	388	459	100	相对偏差	（测定值－平均值）/平均值×100%	≤20%	<20%	100
质控平行	每20个样品加测1个质控平行	208	412	100	相对偏差	—	≤10%	<10%	100
质控标样	每20个样品加测1个标样	208	346	100	标准物质保证值范围	—	在标准物质保证值范围内	均在标准物质保证值范围内	100
质控空白	每批样品测定1个	84	91	100	分析方法检出限	—	低于分析方法检出限	均低于检出限	100

1．有效性

本次调查问卷回收率为 100%，有效率为 99.5%，关键变量应答率≥80.0%，满足问卷调查的基本要求，同时暴露介质样品在采集、保存、流转以及检测等方面完全按照工作手册及相关国家标准执行，保证了本次调查结果的有效性。

2．可靠性

本次调查抽取 6.5%的调查问卷进行复核，复核一致率达 98.8%；暴露介质检测中盲样、平行、质控以及空白样品的检测结果均达到质量控制要求，且所有数据均有原始记录可进行溯源，保证了本次调查结果的可靠性。

第二章 暴露参数

一、人群分布

本次共调查 3876 人，获得有效样本 3855 人，其中城市居民 1982 人，农村居民 1873 人。调查人群的地区、城乡、性别和年龄分布见表 2-1，民族、文化程度见表 2-2。

表 2-1　调查人群的地区、城乡、性别和年龄分布

地区		类别	合计	性别		年龄		
				男	女	18 岁～	45 岁～	60 岁～
合计	合计	人数/人	3855	1862	1993	1587	1119	1149
		构成比/%	100	48.30	51.70	41.17	29.03	29.81
	太原	人数/人	696	337	359	221	233	242
		构成比/%	100	48.42	51.58	31.75	33.48	34.77
	大连	人数/人	621	291	330	316	134	171
		构成比/%	100	46.86	53.14	50.89	21.58	27.54
	上海	人数/人	599	285	314	271	214	114
		构成比/%	100	47.58	52.42	45.24	35.73	19.03
	武汉	人数/人	620	287	333	192	175	253
		构成比/%	100	46.29	53.71	30.97	28.23	40.81

地区		类别	合计	性别		年龄		
				男	女	18 岁～	45 岁～	60 岁～
合计	成都	人数/人	631	308	323	375	152	104
		构成比/%	100	48.81	51.19	59.43	24.09	16.48
	兰州	人数/人	688	354	334	212	211	265
		构成比/%	100	51.45	48.55	30.81	30.67	38.52
城市	小计	人数/人	1982	920	1062	978	452	552
		构成比/%	100.00	46.42	53.58	49.34	22.81	27.85
	太原	人数/人	360	174	186	140	110	110
		构成比/%	100.00	48.33	51.67	38.89	30.56	30.56
	大连	人数/人	287	125	162	156	44	87
		构成比/%	100.00	43.55	56.45	54.36	15.33	30.31
	上海	人数/人	298	131	167	185	61	52
		构成比/%	100.00	43.96	56.04	62.08	20.47	17.45
	武汉	人数/人	355	160	195	137	81	137
		构成比/%	100.00	45.07	54.93	38.59	22.82	38.59
	成都	人数/人	335	155	180	248	53	34
		构成比/%	100.00	46.27	53.73	74.03	15.82	10.15
	兰州	人数/人	347	175	172	112	103	132
		构成比/%	100.00	50.43	49.57	32.28	29.68	38.04
农村	小计	人数/人	1873	942	931	609	667	597
		构成比/%	100.00	50.29	49.71	32.51	35.61	31.87
	太原	人数/人	336	163	173	81	123	132
		构成比/%	100.00	48.51	51.49	24.11	36.61	39.29
	大连	人数/人	334	166	168	160	90	84
		构成比/%	100.00	49.70	50.30	47.90	26.95	25.15
	上海	人数/人	301	154	147	86	153	62
		构成比/%	100.00	51.16	48.84	28.57	50.83	20.60
	武汉	人数/人	265	127	138	55	94	116
		构成比/%	100.00	47.92	52.08	20.75	35.47	43.77

地区	类别		合计	性别		年龄		
				男	女	18岁～	45岁～	60岁～
农村	成都	人数/人	296	153	143	127	99	70
		构成比/%	100.00	51.69	48.31	42.91	33.45	23.65
	兰州	人数/人	341	179	162	100	108	133
		构成比/%	100.00	52.49	47.51	29.33	31.67	39.00

表 2-2　调查人群的地区、民族和文化程度分布

地区	类别		合计	民族		文化程度					
				汉族	其他	小学未毕业及以下	小学	初中	高中/中专/技校	大专	本科及以上
合计	合计	人数/人	3855	3616	239	207	653	1021	750	341	883
		构成比/%	100	93.80	6.20	5.35	16.94	26.49	19.46	8.85	22.91
	太原	人数/人	696	684	12	32	134	241	137	70	82
		构成比/%	100	98.28	1.72	4.60	19.25	34.63	19.68	10.06	11.78
	大连	人数/人	621	481	140	33	123	147	80	56	182
		构成比/%	100	77.46	22.54	5.31	19.81	23.67	12.88	9.02	29.31
	上海	人数/人	599	544	55	14	51	198	104	56	176
		构成比/%	100	90.82	9.18	2.34	8.51	33.06	17.36	9.35	29.38
	武汉	人数/人	620	608	12	64	121	161	111	41	122
		构成比/%	100	98.06	1.94	10.32	19.52	25.97	17.90	6.61	19.68
	成都	人数/人	631	628	3	12	47	86	194	82	210
		构成比/%	100	99.52	0.48	1.90	7.45	13.63	30.74	13.00	33.28
	兰州	人数/人	688	671	17	52	177	188	124	36	111
		构成比/%	100	97.53	2.47	7.56	25.73	27.33	18.02	5.23	16.13
城市	小计	人数/人	1982	1819	163	36	121	333	458	246	788
		构成比/%	100.00	91.78	8.22	1.82	6.10	16.80	23.11	12.41	39.76
	太原	人数/人	360	354	6	3	22	75	113	66	81
		构成比/%	100.00	98.33	1.67	0.84	6.11	20.83	31.39	18.33	22.50

地区	类别	合计	民族		文化程度					
			汉族	其他	小学未毕业及以下	小学	初中	高中/中专/技校	大专	本科及以上
城市 大连	人数/人	287	212	75	2	14	53	52	33	133
	构成比/%	100.00	73.87	26.13	0.69	4.88	18.47	18.12	11.50	46.34
上海	人数/人	298	244	54	1	6	44	55	33	159
	构成比/%	100.00	81.88	18.12	0.33	2.01	14.77	18.46	11.07	53.36
武汉	人数/人	355	344	11	12	41	68	78	36	120
	构成比/%	100.00	96.90	3.10	3.39	11.55	19.15	21.97	10.14	33.80
成都	人数/人	335	334	1	5	9	24	66	45	186
	构成比/%	100.00	99.70	0.30	1.50	2.69	7.16	19.70	13.43	55.52
兰州	人数/人	347	331	16	13	29	69	94	33	109
	构成比/%	100.00	95.39	4.61	3.75	8.36	19.88	27.09	9.51	31.41
农村 小计	人数/人	1873	1797	76	171	532	688	292	95	95
	构成比/%	100.00	95.94	4.06	9.14	28.40	36.73	15.59	5.07	5.07
太原	人数/人	336	330	6	29	112	166	24	4	1
	构成比/%	100.00	98.21	1.79	8.64	33.33	49.40	7.14	1.19	0.30
大连	人数/人	334	269	65	31	109	94	28	23	49
	构成比/%	100.00	80.54	19.46	9.29	32.63	28.14	8.38	6.89	14.67
上海	人数/人	301	300	1	13	45	154	49	23	17
	构成比/%	100.00	99.67	0.33	4.32	14.95	51.16	16.28	7.64	5.65
武汉	人数/人	265	264	1	52	80	93	33	5	2
	构成比/%	100.00	99.62	0.38	19.63	30.19	35.09	12.45	1.89	0.75
成都	人数/人	296	294	2	7	38	62	128	37	24
	构成比/%	100.00	99.32	0.68	2.36	12.84	20.95	43.24	12.50	8.11
兰州	人数/人	341	340	1	39	148	119	30	3	2
	构成比/%	100.00	99.71	0.29	11.43	43.40	34.90	8.80	0.88	0.59

二、身体特征

（一）身高

总体上，调查人群身高城市高于农村，男性高于女性，60 岁及以上年龄段人群最低；大连调查地区人群身高最高（表 2-3）。

表 2-3　不同地区、城乡、性别和年龄调查人群身高

单位：cm

地区		男			女		
		18 岁～	45 岁～	60 岁～	18 岁～	45 岁～	60 岁～
太原	城市	173.84	173.08	171.02	161.65	158.98	157.83
	农村	169.56	169.21	169.10	161.15	160.97	156.56
大连	城市	176.28	173.15	171.04	165.19	162.71	161.08
	农村	173.39	171.26	170.39	164.46	162.92	160.18
上海	城市	175.31	171.50	171.25	162.57	160.84	158.69
	农村	174.61	170.94	169.71	160.94	159.68	158.15
武汉	城市	172.75	170.68	169.11	160.68	158.71	158.31
	农村	170.82	168.90	168.77	159.67	159.52	158.86
成都	城市	174.75	171.67	164.00	160.88	160.03	155.90
	农村	169.16	167.44	162.97	158.67	157.33	154.64
兰州	城市	173.49	172.80	169.76	162.65	161.40	157.90
	农村	167.10	166.99	166.61	161.67	161.02	158.66

（二）体重

总体上，调查人群体重城市高于农村，男性高于女性。其中，城市调查人群男性 18～44 岁体重太原最高，其他人群体重均为大连最高；农村调查人群男性体重大连最高，农村女性 18～44 岁体重太原最高，其他年龄段大连最高（表 2-4）。

表2-4 不同地区、城乡、性别和年龄调查人群体重

单位：kg

地区		男			女		
		18 岁～	45 岁～	60 岁～	18 岁～	45 岁～	60 岁～
太原	城市	72.59	73.96	70.43	58.28	59.33	61.71
	农村	65.29	66.27	64.94	59.35	60.81	55.54
大连	城市	70.84	75.08	71.83	62.28	63.85	65.03
	农村	68.64	70.78	67.34	58.30	63.88	63.09
上海	城市	70.83	71.90	69.49	54.52	61.07	58.81
	农村	66.58	66.81	65.83	57.77	60.71	58.72
武汉	城市	66.54	66.83	65.73	55.74	57.49	57.41
	农村	66.05	65.55	63.34	57.71	58.69	56.53
成都	城市	66.94	64.23	61.25	51.11	55.45	56.96
	农村	64.89	66.09	62.04	51.34	54.41	50.51
兰州	城市	71.34	69.51	64.81	55.34	60.05	57.29
	农村	66.11	67.98	60.51	55.65	59.08	53.72

（三）皮肤表面积

总体上，调查人群皮肤表面积城市高于农村，男性高于女性。其中城市调查人群男性皮肤表面积18～44岁太原最高，其他年龄段均为大连最高，女性均为大连最高；农村调查人群皮肤表面积均为大连最高（表2-5）。

表2-5 不同地区、城乡、性别和年龄调查人群皮肤表面积

单位：m²

地区		男			女		
		18 岁～	45 岁～	60 岁～	18 岁～	45 岁～	60 岁～
太原	城市	1.82	1.83	1.78	1.58	1.58	1.60
	农村	1.71	1.72	1.70	1.59	1.60	1.51
大连	城市	1.81	1.84	1.79	1.65	1.65	1.65
	农村	1.77	1.78	1.74	1.59	1.65	1.63
上海	城市	1.81	1.80	1.77	1.54	1.61	1.57
	农村	1.76	1.74	1.72	1.57	1.60	1.56

地区		男			女		
		18 岁～	45 岁～	60 岁～	18 岁～	45 岁～	60 岁～
武汉	城市	1.74	1.73	1.71	1.54	1.55	1.55
	农村	1.73	1.71	1.68	1.56	1.57	1.54
成都	城市	1.76	1.71	1.63	1.48	1.53	1.53
	农村	1.70	1.70	1.63	1.47	1.50	1.44
兰州	城市	1.80	1.78	1.71	1.55	1.60	1.54
	农村	1.70	1.72	1.64	1.55	1.58	1.50

三、摄入量

（一）长期呼吸量

总体上，调查人群长期呼吸量城市高于农村，男性高于女性，60 岁及以上年龄段人群最低。其中，城市调查人群男性 18～44 岁长期呼吸量上海最高、45～59 岁大连最高、60 岁及以上太原最高，女性 60 岁及以上长期呼吸量太原最高，其他年龄段均为大连最高；农村调查人群长期呼吸量均为大连最高（表 2-6）。

表 2-6　不同地区、城乡、性别和年龄调查人群长期呼吸量

单位：m³/d

地区		男			女		
		18 岁～	45 岁～	60 岁～	18 岁～	45 岁～	60 岁～
太原	城市	17.59	16.92	14.48	11.45	11.25	10.65
	农村	16.56	15.91	13.65	11.46	11.35	10.02
大连	城市	17.49	17.25	14.19	11.93	11.56	10.62
	农村	17.04	16.66	13.82	11.61	11.56	10.48
上海	城市	17.79	16.83	13.80	11.36	11.37	10.12
	农村	16.80	15.99	13.26	11.51	11.34	10.10
武汉	城市	17.41	16.05	13.77	11.58	11.12	10.19
	农村	16.66	15.98	13.41	11.58	11.21	10.02
成都	城市	17.17	15.99	12.81	11.13	10.98	10.01
	农村	16.68	16.22	13.07	10.99	10.91	9.55

地区		男			女		
		18 岁～	45 岁～	60 岁～	18 岁～	45 岁～	60 岁～
兰州	城市	17.75	16.69	13.91	11.32	11.30	10.27
	农村	16.77	16.33	13.11	11.38	11.23	9.87

（二）膳食摄入量

总体上，调查人群膳食摄入量城市高于农村，男性高于女性，60 岁及以上年龄段人群最低。其中，城市调查人群男性 18～44 岁膳食摄入量兰州最高、45～59 岁兰州最高、60 岁及以上大连最高，女性调查人群 45～59 岁膳食摄入量大连最高，其他年龄段均为兰州最高；农村调查人群男性除 60 岁及以上外膳食摄入量大连最高，其他年龄段均为成都最高，女性 18～44 岁膳食摄入量成都最高，其他年龄段均为大连最高（表 2-7）。

表 2-7　不同地区、城乡、性别和年龄调查人群膳食摄入量

单位：g/d

地区		男			女		
		18 岁～	45 岁～	60 岁～	18 岁～	45 岁～	60 岁～
太原	城市	1018	1118	982	979	1010	962
	农村	967	1059	982	969	992	969
大连	城市	1118	1200	1154	1056	1200	1067
	农村	1059	1198	1096	1046	1146	1049
上海	城市	1012	1030	966	981	1014	936
	农村	930	988	969	952	972	962
武汉	城市	1129	1176	1119	1038	1075	1067
	农村	1031	1042	1009	1045	1035	1029
成都	城市	1101	1132	1058	1069	1159	1073
	农村	1069	1202	1012	1133	1034	954
兰州	城市	1176	1286	1151	1193	1177	1180
	农村	1009	1024	1007	939	1041	929

（三）饮水摄入量

总体上，调查人群饮水摄入量城市高于农村，男性高于女性，60 岁及以上年龄段最低。其中，城市调查人群饮水摄入量成都最高；农村调查人群男性 45～59 岁饮水摄入量兰州最高，其余人群均为成都最高（表 2-8）。

表 2-8　不同地区、城乡、性别和年龄调查人群饮水摄入量

单位：mL/d

地区		男			女		
		18 岁～	45 岁～	60 岁～	18 岁～	45 岁～	60 岁～
太原	城市	1238	1623	1188	1366	1287	1069
	农村	1394	1381	1328	1215	1313	1097
大连	城市	1230	1394	838	1144	1215	1050
	农村	1025	1190	1147	997	1082	1182
上海	城市	1281	1386	1289	1238	1414	1257
	农村	1213	1201	1168	1106	1123	917
武汉	城市	1722	2171	1981	1462	1578	1364
	农村	1261	1452	1617	1225	1360	1329
成都	城市	2004	2185	2081	1871	1987	1899
	农村	1917	1790	1851	1848	1942	1919
兰州	城市	1714	1753	1908	1589	1647	1632
	农村	1481	1806	1284	1080	944	999

四、时间—活动模式

（一）与空气相关的时间—活动模式

1. 室内活动时间

总体上，调查人群室内活动时间城市高于农村，女性高于男性，60 岁及以上年龄段人群最高。其中，城市调查人群男性 60 岁及以上室内活动时间成都最高、女性 60 岁及以上太原最高，其他年龄段均为上海最高；农村调查人群上海最高（表 2-9）。

表 2-9　不同地区、城乡、性别和年龄调查人群室内活动时间

单位：min/d

地区		男			女		
		18 岁～	45 岁～	60 岁～	18 岁～	45 岁～	60 岁～
太原	城市	1186	1167	1255	1175	1191	1253
	农村	1124	1112	1141	1192	1147	1158
大连	城市	1163	1120	1006	1110	1069	1233
	农村	1085	1104	1139	1127	1129	1169
上海	城市	1238	1247	1242	1246	1237	1244
	农村	1222	1211	1231	1213	1216	1222
武汉	城市	1211	1195	1228	1210	1258	1232
	农村	1103	1124	1157	1163	1104	1154
成都	城市	1175	1190	1265	1188	1190	1241
	农村	1161	1134	1168	1174	1163	1158
兰州	城市	1165	1156	1144	1154	1163	1173
	农村	1042	1071	1082	1082	1028	1142

2．室外活动时间

总体上，调查人群室外活动时间农村高于城市，60 岁及以上年龄段人群最低。其中，城市调查人群女性 60 岁及以上室外活动时间兰州最高，其他人群大连最高；农村调查人群室外活动时间兰州最高（表 2-10）。

表 2-10　不同地区、城乡、性别和年龄调查人群室外活动时间

单位：min/d

地区		男			女		
		18 岁～	45 岁～	60 岁～	18 岁～	45 岁～	60 岁～
太原	城市	186	213	138	198	181	144
	农村	251	266	257	208	250	245
大连	城市	246	260	397	298	314	176
	农村	313	295	277	280	261	246
上海	城市	122	119	116	115	122	108
	农村	176	151	149	178	167	168
武汉	城市	176	194	177	186	131	161
	农村	286	255	228	238	285	238

地区		男			女		
		18 岁～	45 岁～	60 岁～	18 岁～	45 岁～	60 岁～
成都	城市	215	210	153	209	203	170
	农村	235	245	208	239	236	224
兰州	城市	212	203	234	217	206	206
	农村	332	306	296	309	344	248

3．交通出行时间

总体上，调查人群交通出行时间城市高于农村，男性高于女性，60 岁及以上年龄段人群最低。其中，城市调查人群男性交通出行时间上海最高，女性 18～44 岁兰州最高，其他年龄段上海最高；农村调查人群男性 18～44 岁交通出行时间兰州最高、45～59 岁上海最高，60 岁及以上成都最高，女性调查人群均为兰州最高（表 2-11）。

表 2-11　不同地区、城乡、性别和年龄调查人群交通出行时间

单位：min/d

地区		男			女		
		18 岁～	45 岁～	60 岁～	18 岁～	45 岁～	60 岁～
太原	城市	73	64	50	69	70	46
	农村	68	66	56	50	53	51
大连	城市	62	64	65	64	64	56
	农村	73	44	49	63	53	49
上海	城市	92	87	88	89	89	93
	农村	49	82	61	58	61	51
武汉	城市	69	59	47	62	62	59
	农村	64	66	62	53	58	54
成都	城市	72	41	22	64	59	35
	农村	63	62	65	49	45	59
兰州	城市	87	86	63	92	76	62
	农村	86	67	63	70	73	60

（二）与土壤相关的时间—活动模式

调查人群有土壤接触行为的人数比例农村高于城市（表 2-12）。有土壤接触行为调查人群的土壤接触时间农村高于城市，总体上男性高于女性、60 岁及以上年龄段人群最低（表 2-13）。

表 2-12　不同地区、城乡、性别和年龄调查人群土壤接触比例

单位：%

地区		男			女		
		18 岁～	45 岁～	60 岁～	18 岁～	45 岁～	60 岁～
太原	城市	—	0.14	—	—	—	—
	农村	1.72	2.59	4.60	1.58	2.44	1.87
大连	城市	—	—	—	0.16	0.16	0.64
	农村	8.21	4.03	4.67	5.31	5.80	5.31
上海	城市	0.83	0.17	—	0.33	0.17	0.17
	农村	1.34	4.51	2.00	0.67	4.17	2.17
武汉	城市	0.16	0.16	1.13	0.16	0.16	0.97
	农村	1.45	3.23	7.74	1.77	5.97	5.16
成都	城市	0.79	—	—	0.32	0.32	0.79
	农村	6.50	6.18	2.85	5.23	5.39	2.06
兰州	城市	1.02	0.15	—	0.29	—	0.44
	农村	5.09	7.41	5.81	4.22	5.81	3.92

注："—"为无土壤接触行为的人。

表 2-13　不同地区、城乡、性别和年龄有土壤接触行为的调查人群土壤接触时间

单位：min/d

地区		男			女		
		18 岁～	45 岁～	60 岁～	18 岁～	45 岁～	60 岁～
太原	城市	—	120	—	—	—	—
	农村	417	338	331	307	320	242
大连	城市	—	—	—	—	60	53
	农村	334	334	305	335	343	286
上海	城市	26	47		51	27	8
	农村	60	31	43	25	35	26

地区		男			女		
		18 岁～	45 岁～	60 岁～	18 岁～	45 岁～	60 岁～
武汉	城市	58	5	30	78	10	25
	农村	151	132	144	122	123	108
成都	城市	56	—	—	35	17	44
	农村	362	313	290	353	337	232
兰州	城市	313	323	—	62	—	36
	农村	373	364	362	319	364	368

注："—"为无土壤接触行为的人。

（三）与水相关的时间—活动模式

1. 洗澡时间

总体上，调查人群洗澡时间城市高于农村；武汉调查人群洗澡时间最长（表 2-14）。

表 2-14　不同地区、城乡、性别和年龄调查人群洗澡时间

单位：min/d

地区		男			女		
		18 岁～	45 岁～	60 岁～	18 岁～	45 岁～	60 岁～
太原	城市	10	10	9	11	9	10
	农村	6	7	7	8	6	8
大连	城市	7	9	8	9	7	10
	农村	7	7	8	8	7	8
上海	城市	6	5	7	6	7	7
	农村	4	4	5	6	5	4
武汉	城市	10	11	10	11	12	11
	农村	11	12	9	10	10	10
成都	城市	6	7	9	7	7	8
	农村	7	5	7	6	7	7
兰州	城市	5	5	4	6	5	4
	农村	4	4	3	4	4	3

2．游泳时间

调查人群有游泳行为的比例城市高于农村，男性总体上高于女性（表 2-15）。有游泳行为调查人群的游泳时间，城市总体上高于农村（表 2-16）。

表 2-15　不同地区、城乡、性别和年龄调查人群游泳比例

单位：%

地区		男			女		
		18 岁～	45 岁～	60 岁～	18 岁～	45 岁～	60 岁～
太原	城市	0.29	0.29	0.14	0.14	0.29	0.14
	农村	0.14	—	—	—	—	—
大连	城市	2.42	0.97	1.13	1.93	0.32	1.29
	农村	0.48	0.16	—	0.16	0.32	—
上海	城市	1.84	0.33	0.17	1.17	0.17	0.17
	农村	0.17	—	0.33	—	—	0.17
武汉	城市	0.81	0.48	0.48	0.65	—	—
	农村	0.16	0.16	0.16	—	—	—
成都	城市	2.85	0.16	0.16	0.79	0.32	0.32
	农村	—	—	—	—	—	—
兰州	城市	1.16	0.44	0.15	0.29	0.29	—
	农村	—	—	—	—	—	—

注："—"为该地区调查对象无有游泳行为的人。

表 2-16　不同地区、城乡、性别和年龄有游泳行为的调查人群游泳时间

单位：min/月

地区		男			女		
		18 岁～	45 岁～	60 岁～	18 岁～	45 岁～	60 岁～
太原	城市	59	465	18	68	15	23
	农村	6	—	—	—	—	—
大连	城市	272	343	170	213	290	222
	农村	210	294	—	180	264	—
上海	城市	182	234	450	190	204	120
	农村	252	—	150	—	—	38

地区		男			女		
		18 岁~	45 岁~	60 岁~	18 岁~	45 岁~	60 岁~
武汉	城市	165	164	187	165	—	—
	农村	92	315	30	—	—	—
成都	城市	219	231	240	170	227	75
兰州	城市	153	290	36	150	144	—

五、综合暴露系数

（一）与空气相关综合暴露系数

1. 室内空气综合暴露系数

总体上，调查人群室内空气综合暴露系数城市高于农村，男性高于女性，60 岁及以上年龄段人群最低。其中，城市调查人群男性 18~44 岁室内空气综合暴露系数武汉最高、其他年龄段成都最高，女性 18~44 岁上海最高、其他年龄段武汉最高；农村调查人群男性 60 岁及以上室内空气综合暴露系数成都最高，其他年龄段上海最高，女性成都最高（表 2-17）。

表 2-17　不同地区、城乡、性别和年龄调查人群室内空气综合暴露系数

单位：$m^3/(kg \cdot d)$

地区		男			女		
		18 岁~	45 岁~	60 岁~	18 岁~	45 岁~	60 岁~
太原	城市	0.2009	0.1861	0.1799	0.1614	0.1583	0.1510
	农村	0.1989	0.1862	0.1683	0.1623	0.1501	0.1466
大连	城市	0.2017	0.1794	0.1385	0.1500	0.1356	0.1408
	农村	0.1890	0.1819	0.1635	0.1582	0.1440	0.1361
上海	城市	0.2181	0.2037	0.1723	0.1820	0.1614	0.1499
	农村	0.2148	0.2020	0.1727	0.1690	0.1588	0.1464
武汉	城市	0.2218	0.2014	0.1798	0.1751	0.1708	0.1545
	农村	0.1938	0.1922	0.1708	0.1624	0.1478	0.1434

地区		男			女		
		18 岁～	45 岁～	60 岁～	18 岁～	45 岁～	60 岁～
成都	城市	0.2110	0.2080	0.1853	0.1804	0.1650	0.1535
	农村	0.2108	0.1961	0.1738	0.1767	0.1639	0.1537
兰州	城市	0.2041	0.1939	0.1713	0.1653	0.1533	0.1474
	农村	0.1852	0.1804	0.1637	0.1563	0.1368	0.1473

2. 室外空气综合暴露系数

总体上，调查人群室外空气综合暴露系数农村高于城市，男性高于女性，60 岁及以上年龄段人群最低。其中，城市调查人群女性 60 岁及以上室外空气综合暴露系数兰州最高，其他人群均为大连最高；农村调查人群室外空气综合暴露系数兰州最高（表 2-18）。

表 2-18 不同地区、城乡、性别和年龄调查人群室外空气综合暴露系数

单位：$m^3/(kg\cdot d)$

地区		男			女		
		18 岁～	45 岁～	60 岁～	18 岁～	45 岁～	60 岁～
太原	城市	0.0314	0.0341	0.0197	0.0271	0.0238	0.0171
	农村	0.0445	0.0447	0.0378	0.0279	0.0327	0.0308
大连	城市	0.0424	0.0419	0.0546	0.0399	0.0401	0.0203
	农村	0.0546	0.0489	0.0397	0.0394	0.0334	0.0287
上海	城市	0.0214	0.0196	0.0161	0.0167	0.0160	0.0131
	农村	0.0309	0.0252	0.0209	0.0247	0.0219	0.0201
武汉	城市	0.0324	0.0331	0.0259	0.0269	0.0176	0.0202
	农村	0.0499	0.0438	0.0338	0.0334	0.0378	0.0297
成都	城市	0.0389	0.0363	0.0219	0.0318	0.0279	0.0211
	农村	0.0423	0.0419	0.0309	0.0355	0.0334	0.0295
兰州	城市	0.0369	0.0343	0.0351	0.0309	0.0272	0.0260
	农村	0.0589	0.0516	0.0447	0.0439	0.0459	0.0317

3. 交通空气综合暴露系数

总体上，调查人群交通空气综合暴露系数城市高于农村，男性高于女性，60 岁及以上年龄段人群最低。其中，城市调查人群男性 45～59 岁交通空气综合暴露系数

兰州最高、其他年龄段上海最高，女性 18～44 岁兰州最高、其他年龄段上海最高；农村调查人群男性 18～44 岁交通空气综合暴露系数兰州最高、45～59 岁上海最高、60 岁及以上成都最高，女性 60 岁及以上交通空气综合暴露系数成都最高、其他年龄段均为兰州最高（表 2-19）。

表 2-19　不同地区、城乡、性别和年龄调查人群交通空气综合暴露系数

单位：m³/（kg·d）

地区		男			女		
		18 岁～	45 岁～	60 岁～	18 岁～	45 岁～	60 岁～
太原	城市	0.0122	0.0101	0.0071	0.0095	0.0092	0.0054
	农村	0.0119	0.0111	0.0083	0.0068	0.0070	0.0064
大连	城市	0.0108	0.0102	0.0090	0.0087	0.0081	0.0064
	农村	0.0127	0.0072	0.0071	0.0089	0.0067	0.0058
上海	城市	0.0162	0.0142	0.0122	0.0131	0.0117	0.0112
	农村	0.0086	0.0137	0.0086	0.0080	0.0079	0.0062
武汉	城市	0.0125	0.0102	0.0069	0.0090	0.0083	0.0074
	农村	0.0112	0.0113	0.0091	0.0074	0.0078	0.0067
成都	城市	0.0130	0.0073	0.0032	0.0096	0.0082	0.0044
	农村	0.0114	0.0107	0.0097	0.0073	0.0063	0.0079
兰州	城市	0.0149	0.0145	0.0094	0.0133	0.0100	0.0078
	农村	0.0149	0.0111	0.0095	0.0099	0.0098	0.0077

（二）与饮用水相关综合暴露系数

1. 饮水综合暴露系数

总体上，调查人群饮水综合暴露系数城市高于农村，女性高于男性；成都调查人群饮水综合暴露系数最高（表 2-20）。

2. 用水综合暴露系数

总体上，调查人群用水综合暴露系数城市高于农村，女性高于男性。其中，城市调查人群男性 45～59 岁用水综合暴露系数大连最高，其他人群武汉最高；农村调查人群用水综合暴露系数武汉最高（表 2-21）。

表 2-20 不同地区、城乡、性别和年龄调查人群饮水综合暴露系数

单位：L/（kg·d）

地区		男			女		
		18 岁～	45 岁～	60 岁～	18 岁～	45 岁～	60 岁～
太原	城市	0.0170	0.0222	0.0170	0.0236	0.0217	0.0174
	农村	0.0216	0.0210	0.0206	0.0210	0.0216	0.0198
大连	城市	0.0177	0.0186	0.0116	0.0189	0.0194	0.0161
	农村	0.0150	0.0171	0.0171	0.0176	0.0173	0.0192
上海	城市	0.0182	0.0195	0.0188	0.0231	0.0234	0.0213
	农村	0.0182	0.0180	0.0178	0.0193	0.0186	0.0159
武汉	城市	0.0263	0.0337	0.0305	0.0262	0.0279	0.0245
	农村	0.0191	0.0229	0.0257	0.0212	0.0234	0.0239
成都	城市	0.0309	0.0348	0.0341	0.0372	0.0366	0.0338
	农村	0.0304	0.0280	0.0308	0.0366	0.0362	0.0386
兰州	城市	0.0246	0.0259	0.0296	0.0291	0.0280	0.0289
	农村	0.0226	0.0268	0.0211	0.0197	0.0162	0.0190

表 2-21 不同地区、城乡、性别和年龄调查人群用水综合暴露系数

单位：cm^2/kg

地区		男			女		
		18 岁～	45 岁～	60 岁～	18 岁～	45 岁～	60 岁～
太原	城市	1.7725	1.7483	1.5854	2.0757	1.7631	1.7683
	农村	1.1836	1.3510	1.3506	1.4434	1.1348	1.4801
大连	城市	1.5856	2.4699	1.7385	1.8081	1.7631	1.9602
	农村	1.3982	1.3246	1.5017	1.6312	1.3552	1.5448
上海	城市	1.1572	1.0930	1.3645	1.2023	1.2949	1.3328
	农村	0.7945	0.7936	1.0435	1.1789	0.8840	0.7384
武汉	城市	1.9653	2.1561	1.8986	2.1933	2.2571	2.1035
	农村	2.0346	2.2005	1.6682	1.9859	1.9270	1.8231
成都	城市	1.3223	1.3085	1.9168	1.3977	1.5144	1.4657
	农村	1.3104	0.9220	1.2279	1.2789	1.2878	1.3092
兰州	城市	0.9521	1.0597	0.7836	1.1706	1.0378	0.7806
	农村	0.6822	0.7731	0.5595	0.8297	0.8014	0.5964

（三）与土壤相关综合暴露系数

1. 土壤经呼吸道综合暴露系数

总体上，调查人群土壤经呼吸道综合暴露系数多为农村高于城市，男性高于女性，60 岁及以上年龄段人群最低。其中，城市调查人群男性 18～44 岁土壤经呼吸道综合暴露系数武汉最高、45～59 岁成都最高、60 岁及以上兰州最高，女性 60 岁及以上兰州最高、其他年龄段成都最高；农村调查人群男性 60 岁及以上土壤经呼吸道综合暴露系数兰州最高，其他年龄段成都最高，女性成都最高（表 2-22）。

表 2-22　不同地区、城乡、性别和年龄调查人群土壤经呼吸道综合暴露系数

单位：$m^3/(kg \cdot d)$

地区		男			女		
		18 岁～	45 岁～	60 岁～	18 岁～	45 岁～	60 岁～
太原	城市	0.2436	0.2297	0.2063	0.1977	0.1911	0.1732
	农村	0.2549	0.2414	0.2123	0.1957	0.1883	0.1821
大连	城市	0.2496	0.2308	0.1984	0.1943	0.1829	0.1646
	农村	0.2510	0.2376	0.2066	0.2022	0.1838	0.1677
上海	城市	0.2537	0.2353	0.1999	0.2103	0.1879	0.1736
	农村	0.2530	0.2402	0.2020	0.2005	0.1881	0.1726
武汉	城市	0.2637	0.2431	0.2108	0.2084	0.1954	0.1807
	农村	0.2528	0.2463	0.2126	0.2012	0.1924	0.1789
成都	城市	0.2590	0.2511	0.2104	0.2188	0.1995	0.1781
	农村	0.2611	0.2486	0.2143	0.2162	0.2029	0.1909
兰州	城市	0.2517	0.2419	0.2156	0.2063	0.1898	0.1810
	农村	0.2552	0.2425	0.2177	0.2070	0.1917	0.1854

2. 土壤经消化道综合暴露系数

总体上，调查人群土壤经消化道综合暴露系数农村高于城市，女性高于男性。其中，城市调查人群男性 18～44 岁土壤经消化道综合暴露系数武汉最高，其他人群均为成都最高；农村调查人群男性 18～44 岁土壤经消化道综合暴露系数成都最高、45～59 岁武汉最高、60 岁及以上兰州最高，女性成都最高（表 2-23）。

表 2-23 不同地区、城乡、性别和年龄调查人群土壤经消化道综合暴露系数

单位：mg/（kg·d）

地区		男			女		
		18岁～	45岁～	60岁～	18岁～	45岁～	60岁～
太原	城市	0.6950	0.6811	0.7139	0.8679	0.8533	0.8159
	农村	0.7727	0.7622	0.7866	0.8601	0.8338	0.9148
大连	城市	0.7221	0.6711	0.7029	0.8222	0.7960	0.7809
	农村	0.7440	0.7178	0.7539	0.8811	0.8020	0.8064
上海	城市	0.7213	0.7013	0.7298	0.9303	0.8312	0.8627
	农村	0.7544	0.7530	0.7638	0.8734	0.8323	0.8573
武汉	城市	0.7631	0.7658	0.7709	0.9017	0.8833	0.8967
	农村	0.7596	0.7773	0.7962	0.8717	0.8622	0.8989
成都	城市	0.7611	0.7913	0.8273	0.9884	0.9120	0.8972
	农村	0.7939	0.7754	0.8293	0.9900	0.9354	1.0042
兰州	城市	0.7155	0.7285	0.7786	0.9160	0.8440	0.8885
	农村	0.7642	0.7486	0.8335	0.9164	0.8576	0.9444

3．土壤经皮肤接触综合暴露系数

总体上，调查人群土壤经皮肤接触综合暴露系数农村高于城市，男性高于女性；兰州调查地区人群土壤经皮肤接触综合暴露系数最高（表 2-24）。

表 2-24 不同地区、城乡、性别和年龄调查人群土壤经皮肤接触综合暴露系数

单位：cm²/（kg·d）

地区		男			女		
		18岁～	45岁～	60岁～	18岁～	45岁～	60岁～
太原	城市	—	0.4116	—	—	—	—
	农村	22.4557	22.6492	26.4340	15.3553	13.5251	10.0719
大连	城市	—	—	—	—	0.3536	0.5805
	农村	36.5531	36.3744	38.7533	28.1741	45.3086	39.6011
上海	城市	0.2501	0.4583	0.0000	0.2386	0.1149	0.0468
	农村	1.8309	2.1113	2.6241	0.5149	1.9242	2.3790
武汉	城市	0.1817	0.0243	0.6272	0.1752	0.0466	0.3974
	农村	11.3514	12.9059	19.5330	7.6427	15.3211	13.0629

地区		男			女		
		18 岁～	45 岁～	60 岁～	18 岁～	45 岁～	60 岁～
成都	城市	0.4404	—	—	0.1133	0.2353	1.5840
	农村	43.5177	40.1017	28.5193	37.1483	50.1116	16.5948
兰州	城市	6.3729	1.1748	—	0.4811	—	0.3222
	农村	46.2740	56.1365	39.5488	36.8300	55.6717	30.7472

注："—"为无土壤接触行为的人。

（四）与膳食相关综合暴露系数

总体上，调查人群膳食综合暴露系数城市高于农村，女性高于男性，45～59 岁年龄段人群最高。其中，城市调查人群男性 18～44 岁膳食综合暴露系数武汉最高、其他年龄段兰州最高，女性 45～59 岁成都最高、其他年龄段兰州最高；农村调查人群膳食综合暴露系数成都最高（表 2-25）。

表 2-25　不同地区、城乡、性别和年龄调查人群与膳食相关综合暴露系数

单位：g/（kg·d）

地区		男			女		
		18 岁～	45 岁～	60 岁～	18 岁～	45 岁～	60 岁～
太原	城市	14.1204	15.2117	14.0189	16.9498	17.1547	15.7018
	农村	14.8983	16.1921	15.4543	16.6251	16.4988	17.7261
大连	城市	16.1343	16.1794	16.2378	17.3473	19.1517	16.6734
	农村	15.6998	17.0282	16.4839	18.3140	18.3440	16.7534
上海	城市	14.6335	14.4693	14.0805	18.3224	16.8264	16.1651
	农村	14.0245	14.8913	14.7752	16.6103	16.2470	16.5008
武汉	城市	17.1487	17.8736	17.2594	18.6925	19.0799	19.1903
	农村	15.7186	16.1972	16.0782	18.3205	17.8193	18.4554
成都	城市	16.8115	18.0068	17.3726	21.1131	21.2372	19.2960
	农村	17.0634	18.5798	16.9053	22.3186	19.4535	19.0829
兰州	城市	16.6599	18.6001	17.7959	21.9010	19.9956	20.8050
	农村	15.4395	15.3659	16.7497	17.1403	17.8319	17.5289

第三章　暴露介质

一、样本分布

本次调查共采集和检测环境暴露介质样本 4156 件，其中城市 2327 件，农村 1829 件（表 3-1）。

表 3-1　不同地区各环境暴露介质检测样本分布

单位：件

地区		合计	暴露介质					
			空气			饮用水	土壤	膳食
			室内	室外	交通			
合计		4156	583	874	271	1065	146	1217
太原	小计	624	115	144	48	161	24	132
	城市	310	55	72	24	82	12	65
	农村	314	60	72	24	79	12	67
大连	小计	499	72	71	35	120	21	180
	城市	258	28	24	21	58	11	116
	农村	241	44	47	14	62	10	64
上海	小计	687	93	156	62	163	27	186
	城市	396	50	71	37	97	17	124
	农村	291	43	85	25	66	10	62
武汉	小计	832	120	234	48	190	24	216
	城市	477	65	132	24	100	12	144
	农村	355	55	102	24	90	12	72

地区		合计	暴露介质					
			空气			饮用水	土壤	膳食
			室内	室外	交通			
成都	小计	696	103	143	42	139	36	233
	城市	403	53	72	30	75	18	155
	农村	293	50	71	12	64	18	78
兰州	小计	818	80	126	36	292	14	270
	城市	483	40	90	18	156	10	169
	农村	335	40	36	18	136	4	101

二、浓度水平

各环境暴露介质中 5 种金属的平均浓度水平见表 3-2～表 3-7，总体呈现砷、铅、铬的平均浓度水平高于汞、镉，且地区差异明显。

表 3-2　各环境暴露介质 5 种金属平均浓度分布

环境暴露介质		汞	镉	砷	铅	铬
空气/（ng/m³）	室内	0.2523	2.5300	59.7835	42.9984	85.8861
	室外	0.1483	2.4801	20.0853	56.8174	47.2123
	交通	0.1220	2.9789	19.5335	77.2489	38.6313
饮用水/（μg/L）		0.0696	0.0580	1.0380	0.4657	2.2252
土壤/（mg/kg）		0.1388	0.2740	22.0310	26.5398	62.2585
膳食/（mg/kg）		0.0027	0.0070	0.0867	0.0472	0.2054

（一）汞

各环境暴露介质汞的平均浓度水平地区和城乡差异明显（表 3-3）。

1. 空气

（1）室内空气：从城乡分布看，除成都和兰州外，各调查地区室内空气中汞的平均浓度水平城市高于农村；从地区分布看，大连调查地区室内空气中汞的平均浓度水平最高。

（2）室外空气：从城乡分布看，除大连、武汉和兰州外，各调查地区室外空气中汞的平均浓度水平城市高于农村；从地区分布看，成都调查地区室外空气中汞的平均浓度水平最高。

（3）交通空气：从城乡分布看，除大连、成都和兰州外，各调查地区交通空气中汞的平均浓度水平城市高于农村；从地区分布看，成都调查地区交通空气中汞平均浓度水平最高。

2．饮用水

从城乡分布看，除太原和大连外，各调查地区饮用水中汞的平均浓度城市高于农村；从地区分布看，武汉调查地区饮用水中汞的平均浓度水平最高。

3．土壤

从城乡分布看，除上海、武汉和成都外，各调查地区土壤中汞平均浓度水平城市高于农村；从地区分布看，城市调查地区太原土壤中汞的平均浓度水平最高，农村武汉最高。

4．膳食

从城乡分布看，除太原和武汉外，各调查地区膳食中汞的平均浓度水平城市高于农村；从地区分布看，大连调查地区膳食中汞的平均浓度水平最高。

表 3-3　不同地区各暴露介质中汞平均浓度分布

地区		空气/（ng/m³）			饮用水/（μg/L）	土壤/（mg/kg）	膳食/（mg/kg）
		室内	室外	交通			
太原	城市	0.0991	0.1683	0.1064	0.0721	0.5433	0.0018
	农村	0.0786	0.068	0.0409	0.0851	0.1441	0.0019
大连	城市	0.5501	0.0466	0.0343	0.0195	0.0179	0.0058
	农村	0.5186	0.1087	0.0568	0.0247	0.0166	0.0056
上海	城市	0.4350	0.0962	0.1444	0.0514	0.0468	0.0023
	农村	0.1805	0.0608	0.1124	0.0218	0.0481	0.0020
武汉	城市	0.3401	0.1463	0.1333	0.2219	0.1244	0.0022
	农村	0.1428	0.1636	0.1078	0.2093	0.1678	0.0053
成都	城市	0.3875	0.4667	0.3774	0.0185	0.0204	0.0023
	农村	0.3925	0.4567	0.3944	0.0128	0.0445	0.0023
兰州	城市	0.0335	0.0335	0.0335	0.0918	0.1649	0.0007
	农村	0.0335	0.0335	0.0335	0.0823	0.0615	0.0005

（二）镉

各环境暴露介质中镉的平均浓度水平地区和城乡差异明显（表 3-4）。

表 3-4　不同地区各暴露介质中镉平均浓度分布

地区		空气/（ng/m³）			饮用水/（μg/L）	土壤/（mg/kg）	膳食/（mg/kg）
		室内	室外	交通			
太原	城市	0.3848	4.0075	6.6160	0.0322	0.2167	0.0046
	农村	0.1325	6.5685	0.5404	0.0409	0.2496	0.0050
大连	城市	9.1219	1.0129	0.8226	0.0239	0.1910	0.0060
	农村	5.8639	0.9336	1.2012	0.0455	0.1720	0.0100
上海	城市	0.1251	0.8519	1.2088	0.0410	0.0817	0.0061
	农村	0.0640	1.1293	1.2617	0.0174	0.0438	0.0047
武汉	城市	2.7249	2.5488	2.4559	0.1000	0.3847	0.0098
	农村	3.4612	2.8565	6.3906	0.0800	0.3227	0.0137
成都	城市	2.2927	3.4757	4.3155	0.0429	0.6634	0.0131
	农村	1.3296	0.3017	5.0322	0.1075	0.5163	0.0104
兰州	城市	1.9699	2.6966	3.8854	0.0400	0.3012	0.0011
	农村	2.5283	1.8783	1.7184	0.0971	0.3458	0.0010

1. 空气

（1）室内空气：从城乡分布看，除武汉和兰州外，各调查地区室内空气中镉的平均浓度水平城市高于农村；从地区分布看，大连调查地区室内空气中镉的平均浓度水平最高。

（2）室外空气：从城乡分布看，除大连、成都和兰州外，各调查地区室外空气中镉的平均浓度农村高于城市；从地区分布看，太原调查地区室外空气中镉的平均浓度水平最高。

（3）交通空气：从城乡分布看，除太原和兰州外，各调查地区交通空气中镉的平均浓度水平农村高于城市；从地区分布看，城市太原调查地区交通空气中镉的平均浓度水平最高，农村武汉最高。

2. 饮用水

从城乡分布看，除上海和武汉外，各调查地区饮用水中镉的平均浓度水平农村高于城市；从地区分布看，城市武汉调查地区饮用水中镉的平均浓度水平最高，农村成都最高。

3．土壤

从城乡分布看，除太原和兰州外，各调查地区土壤中镉的平均浓度水平城市高于农村；从地区分布看，成都调查地区土壤中镉的平均浓度水平最高。

4．膳食

从城乡分布看，除上海、成都和兰州外，各调查地区膳食中镉平均浓度水平农村高于城市；从地区分布看，城市成都调查地区膳食中镉的平均浓度水平最高，农村武汉最高。

（三）砷

各环境暴露介质中砷的平均浓度水平地区和城乡差异明显（表3-5）。

表3-5　不同地区各暴露介质中砷平均浓度分布

地区		空气/（ng/m³）			饮用水/（μg/L）	土壤/（mg/kg）	膳食/（mg/kg）
		室内	室外	交通			
太原	城市	0.4706	11.5995	3.3428	1.2672	14.4375	0.0118
	农村	3.4564	12.6580	16.6064	1.3138	15.0556	0.0147
大连	城市	61.9636	13.1697	14.4173	0.8876	7.1534	0.2529
	农村	60.4782	15.0361	22.7428	0.6101	5.1424	0.2693
上海	城市	86.3123	46.5109	46.3366	0.9232	46.0740	0.0749
	农村	76.6893	57.3700	55.3640	0.5761	48.1236	0.0598
武汉	城市	11.2406	12.9409	11.9285	1.9765	12.5924	0.0191
	农村	23.2056	18.0012	26.4416	1.2501	41.4396	0.0165
成都	城市	29.6574	28.0351	18.6402	0.5344	43.9610	0.1979
	农村	13.9435	18.7711	5.8163	1.1027	36.6603	0.0876
兰州	城市	264.8236	17.4853	18.5900	1.1573	9.2694	0.0041
	农村	131.5519	14.5513	15.5173	1.1019	11.9654	0.0041

1. 空气

（1）室内空气：从城乡分布看，除太原和武汉外，各调查地区室内空气中砷的平均浓度水平城市高于农村；从地区分布看，兰州调查地区室内空气中砷的平均浓度水平最高。

（2）室外空气：从城乡分布看，除成都和兰州外，各调查地区室外空气中砷的平均浓度水平农村高于城市；从地区分布看，上海调查地区室外空气中砷平均浓度水平最高。

（3）交通空气：从城乡分布看，除成都和兰州外，各调查地区室外空气中砷的平均浓度水平农村高于城市；从地区分布看，上海调查地区交通空气中砷的平均浓度水平最高。

2. 饮用水

从城乡分布看，除太原和成都外，各调查地区饮用水中砷的平均浓度水平城市高于农村；从地区分布看，城市武汉调查地区饮用水中砷的平均浓度水平最高，农村太原最高。

3. 土壤

从城乡分布看，除大连和成都外，各调查地区土壤中砷的平均浓度水平农村高于城市；从地区分布看，上海调查地区土壤中砷的平均浓度水平最高。

4. 膳食

从城乡分布看，除太原和大连外，各调查地区膳食中砷的平均浓度水平城市高于农村；从地区分布看，大连调查地区膳食中砷的平均浓度水平最高。

（四）铅

各环境暴露介质中铅的平均浓度水平地区和城乡差异明显（表3-6）。

表3-6　不同地区各暴露介质中铅平均浓度分布

地区		空气/（ng/m³）			饮用水/（μg/L）	土壤/（mg/kg）	膳食/（mg/kg）
		室内	室外	交通			
太原	城市	51.4347	70.4277	198.2541	0.3925	29.0688	0.0090
	农村	52.8763	107.1079	76.3521	0.7064	23.0611	0.0061
大连	城市	24.9416	18.3259	15.2729	0.5350	23.4187	0.0347
	农村	40.7700	27.0973	37.7056	0.4206	14.7041	0.0396
上海	城市	10.2445	46.2603	65.6639	0.5754	27.7705	0.0439
	农村	8.8433	55.6806	69.1976	0.5699	21.0205	0.0338

地区		空气/（ng/m³）			饮用水/ （μg/L）	土壤/ （mg/kg）	膳食/ （mg/kg）
		室内	室外	交通			
武汉	城市	73.4658	88.9359	84.2671	0.7899	26.9542	0.0349
	农村	77.6095	77.2219	102.1858	0.7859	34.6036	0.0322
成都	城市	39.8205	41.8551	63.6174	0.1837	45.0268	0.1247
	农村	51.1202	30.3905	91.3429	0.3555	53.9762	0.1833
兰州	城市	47.4309	76.4917	84.0120	0.1611	29.6040	0.0207
	农村	33.9718	36.3459	37.4718	0.4797	18.5766	0.0153

1．空气

（1）室内空气：从城乡分布看，除上海和兰州外，各调查地区室内空气中铅平均浓度水平农村高于城市；从地区分布看，武汉调查地区室内空气中铅平均浓度水平最高。

（2）室外空气：从城乡分布看，除武汉、成都和兰州外，各调查地区室外空气中铅的平均浓度水平农村高于城市；从地区分布看，城市武汉调查地区室外空气中铅的平均浓度水平最高，农村太原最高。

（3）交通空气：从城乡分布看，除太原和兰州外，各调查地区交通空气中铅的平均浓度水平农村高于城市；从地区分布看，城市太原调查地区交通空气中铅的浓度水平最高，农村武汉最高。

2．饮用水

从城乡分布看，除大连、上海和武汉外，各调查地区饮用水中铅的平均浓度水平农村高于城市；从地区分布看，武汉调查地区饮用水中铅的平均浓度水平最高。

3．土壤

从城乡分布看，除武汉和成都外，各调查地区土壤中铅的平均浓度水平城市高于农村；从地区分布看，成都调查地区土壤中铅的平均浓度水平最高。

4．膳食

从城乡分布看，除大连和成都外，各调查地区膳食中铅的平均浓度水平城市高于农村；从地区分布看，成都调查地区膳食中铅的平均浓度水平最高。

（五）铬

各环境暴露介质中铬平均浓度水平地区和城乡差异明显（表 3-7）。

表 3-7　不同地区各暴露介质中铬平均浓度分布

地区		空气/（ng/m³）			饮用水/（μg/L）	土壤/（mg/kg）	膳食/（mg/kg）
		室内	室外	交通			
太原	城市	1.5109	38.7688	72.7777	1.6317	74.6375	0.0162
	农村	1.1338	144.4094	6.8032	3.3963	71.3111	0.0155
大连	城市	213.6093	8.8479	7.0095	0.5717	34.5735	0.2714
	农村	220.3662	10.9844	9.7801	1.6285	32.0056	0.3159
上海	城市	140.4643	112.1576	97.4638	0.3029	86.1565	0.1230
	农村	163.5842	105.0123	110.1437	0.3761	87.9861	0.0789
武汉	城市	139.3028	32.6508	27.6023	8.2631	51.8587	0.1372
	农村	77.2419	26.8435	38.6892	8.4126	86.6683	0.1170
成都	城市	59.0003	66.8103	48.8320	0.2630	72.1402	0.2817
	农村	62.9505	117.6724	54.3008	1.6296	62.8904	0.2733
兰州	城市	8.5502	20.5561	19.5922	0.6631	67.9316	0.3945
	农村	7.1167	9.3351	16.1710	0.8752	66.6517	0.4528

1. 空气

（1）室内空气：从城乡分布看，除太原、武汉和兰州外，各调查地区室内空气中铬的平均浓度水平农村高于城市；从地区分布看，大连调查地区室内空气中铬的平均浓度水平最高。

（2）室外空气：从城乡分布看，除上海、武汉和兰州外，各调查地区室外空气中铬的平均浓度水平农村高于城市；从地区分布看，城市上海调查地区室外空气中铬的平均浓度水平最高，农村太原最高。

（3）交通空气：从城乡分布看，除太原和兰州外，各调查地区交通空气中铬的平均浓度水平农村高于城市；从地区分布看，上海调查地区交通空气中铬的平均浓度水平最高。

2. 饮用水

从城乡分布看，饮用水中铬的平均浓度水平农村高于城市；从地区分布看，武汉调查地区饮用水中铬的平均浓度水平最高。

3. 土壤

从城乡分布看，除上海和武汉外，各调查地区土壤中铬的平均浓度水平城市高于农村；从地区分布看，上海调查地区土壤中铬的平均浓度水平最高。

4. 膳食

从城乡分布看，除大连和兰州外，各调查地区膳食中铬的平均浓度水平城市高于农村；从地区分布看，兰州调查地区膳食中铬的平均浓度水平最高。

第四章 环境总暴露水平

调查人群铬、铅和砷的环境总暴露水平总体高于镉和汞，女性总体高于男性，地区和城乡差异明显（表4-1）。

表4-1 不同地区、城乡、性别和年龄调查人群5种金属环境总暴露水平

单位：$\times 10^{-3}$mg/（kg·d）

金属	地区	城市						农村					
		男			女			男			女		
		18岁～	45岁～	60岁～	18岁～	45岁～	60岁～	18岁～	45岁～	60岁～	18岁～	45岁～	60岁～
汞	太原	0.0268	0.0291	0.0273	0.0340	0.0335	0.0300	0.0300	0.0326	0.0311	0.0338	0.0329	0.0352
	大连	0.0939	0.0941	0.0943	0.1010	0.1100	0.0972	0.0888	0.0962	0.0941	0.1037	0.1038	0.0953
	上海	0.0338	0.0308	0.0326	0.0430	0.0390	0.0370	0.0292	0.0315	0.0305	0.0342	0.0336	0.0340
	武汉	0.0403	0.0504	0.0432	0.0489	0.0431	0.0462	0.0897	0.0887	0.0941	0.1024	0.1111	0.1055
	成都	0.0393	0.0427	0.0412	0.0501	0.0511	0.0464	0.0374	0.0406	0.0372	0.0487	0.0426	0.0419
	兰州	0.0139	0.0149	0.0146	0.0175	0.0156	0.0164	0.0096	0.0104	0.0103	0.0100	0.0106	0.0103

金属	地区	城市						农村					
		男			女			男			女		
		18岁~	45岁~	60岁~	18岁~	45岁~	60岁~	18岁~	45岁~	60岁~	18岁~	45岁~	60岁~
镉	太原	0.0696	0.0745	0.0693	0.0845	0.0825	0.0779	0.0753	0.0853	0.0781	0.0826	0.0829	0.0903
	大连	0.0940	0.0975	0.0977	0.1002	0.1045	0.1142	0.1549	0.1667	0.1545	0.1820	0.1691	0.1450
	上海	0.0896	0.0828	0.0870	0.1151	0.1040	0.0981	0.0665	0.0704	0.0713	0.0768	0.0773	0.0878
	武汉	0.1754	0.1887	0.1771	0.1854	0.1902	0.1937	0.2221	0.2145	0.2179	0.2330	0.2653	0.2452
	成都	0.1915	0.2090	0.2014	0.2506	0.2383	0.2229	0.1795	0.2208	0.1812	0.2343	0.2059	0.2066
	兰州	0.0195	0.0219	0.0211	0.0251	0.0240	0.0243	0.0178	0.0183	0.0189	0.0193	0.0202	0.0193
砷	太原	0.1842	0.2002	0.1836	0.2301	0.2288	0.2052	0.2595	0.2829	0.2692	0.2721	0.2725	0.3102
	大连	3.9830	4.0930	4.1014	4.4877	4.6722	4.2743	4.2552	4.7289	4.5808	4.9876	5.0104	4.1560
	上海	1.1100	1.1322	1.0720	1.4366	1.2829	1.2077	0.8423	0.9263	0.8851	1.0936	1.0098	1.0500
	武汉	0.3932	0.4239	0.3905	0.3832	0.4009	0.4155	0.3301	0.3179	0.3498	0.3476	0.3630	0.3665
	成都	2.5135	2.8312	2.7288	3.5107	3.1186	2.8840	1.6687	1.7200	1.6044	2.1622	1.8536	1.7913
	兰州	0.1032	0.1152	0.1182	0.1240	0.1212	0.1300	0.1185	0.1254	0.1172	0.1133	0.1265	0.1072
铅	太原	0.1192	0.1285	0.1223	0.1450	0.1568	0.1358	0.1154	0.1159	0.1187	0.1212	0.1164	0.1356
	大连	0.5626	0.5737	0.5711	0.6552	0.6475	0.5623	0.6280	0.6599	0.7935	0.7174	0.7119	0.6568
	上海	0.6530	0.6404	0.6273	0.8186	0.7511	0.7181	0.4988	0.5082	0.5191	0.5714	0.5797	0.5556

金属	地区	城市						农村					
		男			女			男			女		
		18岁~	45岁~	60岁~	18岁~	45岁~	60岁~	18岁~	45岁~	60岁~	18岁~	45岁~	60岁~
铅	武汉	0.6764	0.6361	0.6299	0.6385	0.6510	0.6897	0.4933	0.6097	0.5462	0.5580	0.5651	0.5957
	成都	1.9598	2.1110	2.0361	2.4766	2.6541	2.2571	3.1458	3.4441	3.1979	4.0205	3.5709	3.4804
	兰州	0.3193	0.3446	0.3317	0.4270	0.3652	0.3832	0.2562	0.2598	0.2761	0.2817	0.3236	0.2760
铬	太原	0.2849	0.3199	0.2824	0.3456	0.3489	0.3150	0.3208	0.3396	0.3316	0.3467	0.3485	0.3521
	大连	4.3051	4.3875	4.3991	4.7268	4.9693	4.6785	5.0021	5.3484	4.8840	5.7960	5.9188	5.2715
	上海	1.8258	1.7978	1.7205	2.2307	2.0577	2.0126	1.1226	1.2829	1.2263	1.2693	1.2869	1.3624
	武汉	2.5289	2.6864	2.5954	2.6798	3.0642	2.8301	1.9242	2.1389	2.1486	2.2952	2.2263	2.3824
	成都	4.8122	5.2286	5.0440	6.1259	6.3550	5.6006	4.7160	5.3213	4.6563	6.0459	5.3170	5.2662
	兰州	6.6479	7.4110	7.0232	8.4987	7.8467	8.1937	6.9915	7.0991	7.5636	8.1510	8.0036	7.8639

一、汞

　　总体上，调查人群汞环境总暴露水平城市高于农村，女性高于男性。其中，城市调查人群汞环境总暴露水平大连最高；农村调查人群男性18～44岁汞环境总暴露水平武汉最高、45～59岁大连最高、60岁及以上大连和武汉最高，女性18～44岁汞环境总暴露水平大连最高，其他年龄段武汉最高（表4-2）。

表 4-2　不同地区、城乡、性别和年龄调查人群汞环境总暴露水平

单位：$\times 10^{-3}$mg/（kg·d）

地区		男			女		
		18 岁～	45 岁～	60 岁～	18 岁～	45 岁～	60 岁～
太原	城市	0.0268	0.0291	0.0273	0.0340	0.0335	0.0300
	农村	0.0300	0.0326	0.0311	0.0338	0.0329	0.0352
大连	城市	0.0939	0.0941	0.0943	0.1010	0.1100	0.0972
	农村	0.0888	0.0962	0.0941	0.1037	0.1038	0.0953
上海	城市	0.0338	0.0308	0.0326	0.0430	0.0390	0.0370
	农村	0.0292	0.0315	0.0305	0.0342	0.0336	0.0340
武汉	城市	0.0403	0.0504	0.0432	0.0489	0.0431	0.0462
	农村	0.0897	0.0887	0.0941	0.1024	0.1111	0.1055
成都	城市	0.0393	0.0427	0.0412	0.0501	0.0511	0.0464
	农村	0.0374	0.0406	0.0372	0.0487	0.0426	0.0419
兰州	城市	0.0139	0.0149	0.0146	0.0175	0.0156	0.0164
	农村	0.0096	0.0104	0.0103	0.0100	0.0106	0.0103

（一）空气

总体上，调查人群空气汞暴露水平城市高于农村，男性高于女性，18～44 岁人群最高。其中，城市调查人群男性 18～44 岁空气汞暴露水平大连最高、其他年龄段成都最高，女性成都最高；农村调查人群男性空气汞暴露水平大连最高，女性 18～44 岁大连最高，其他年龄段成都最高（表 4-3）。

表 4-3　不同地区、城乡、性别和年龄调查人群空气汞暴露水平

单位：$\times 10^{-9}$mg/（kg·d）

地区		男			女		
		18 岁～	45 岁～	60 岁～	18 岁～	45 岁～	60 岁～
太原	城市	1.1574	1.0886	0.8490	0.9818	0.9165	0.7353
	农村	0.8848	0.7763	0.7253	0.6608	0.5759	0.5923
大连	城市	4.4935	3.3784	2.9976	3.1368	2.8057	2.8445
	农村	4.4711	4.1698	3.6672	3.6453	3.3298	3.0451

地区		男			女		
		18 岁～	45 岁～	60 岁～	18 岁～	45 岁～	60 岁～
上海	城市	4.3246	3.4906	2.8529	3.5840	2.5825	2.4024
	农村	1.9381	1.8544	1.3725	1.5520	1.4023	1.1458
武汉	城市	3.5797	3.1157	2.9525	2.6824	2.6248	2.7071
	农村	1.8499	1.8030	1.4525	1.6052	1.3269	1.2491
成都	城市	4.3482	4.3207	3.4831	3.7229	3.4357	3.0089
	农村	4.3876	3.8903	3.4441	3.5476	3.4536	3.0951
兰州	城市	0.3571	0.3387	0.3012	0.2925	0.2659	0.2530
	农村	0.3615	0.3393	0.3043	0.2933	0.2686	0.2605

1. 室内空气

总体上，调查人群室内空气汞暴露水平城市高于农村，男性高于女性，18～44 岁人群最高。其中，城市调查人群男性 18～44 岁室内空气汞暴露水平大连最高，其他年龄段成都最高，女性 18～44 岁上海最高，45～59 岁成都最高，60 岁及以上大连最高；农村调查人群室内空气汞暴露水平大连最高（表 4-4）。

表 4-4　不同地区、城乡、性别和年龄调查人群室内空气汞暴露水平

单位：$\times 10^{-9}$mg/（kg·d）

地区		男			女		
		18 岁～	45 岁～	60 岁～	18 岁～	45 岁～	60 岁～
太原	城市	0.8563	0.7756	0.6639	0.7275	0.6887	0.5766
	农村	0.7346	0.6273	0.6009	0.5676	0.4689	0.4914
大连	城市	4.3962	3.2825	2.8785	3.0481	2.7178	2.7954
	农村	4.1697	3.9082	3.4686	3.4264	3.1356	2.8786
上海	城市	4.1323	3.3208	2.7085	3.4315	2.4414	2.2764
	农村	1.8191	1.7255	1.2785	1.4499	1.3089	1.0661
武汉	城市	3.3209	2.8618	2.7622	2.4742	2.4750	2.5468
	农村	1.4606	1.4553	1.1818	1.3450	1.0363	1.0173
成都	城市	3.3645	3.4759	2.9920	2.9319	2.7445	2.5145
	农村	3.3827	2.9033	2.6862	2.7409	2.7044	2.3948
兰州	城市	0.2848	0.2706	0.2391	0.2308	0.2140	0.2058
	农村	0.2584	0.2518	0.2285	0.2182	0.1909	0.2056

2．室外空气

总体上，调查人群室外空气汞暴露水平太原和上海为城市高于农村，其余调查地区均为农村高于城市，男性高于女性，18～44 岁人群最高。调查人群室外空气汞暴露水平成都最高（表 4-5）。

表 4-5　不同地区、城乡、性别和年龄调查人群室外空气汞暴露水平

单位：$\times 10^{-9}$mg/（kg·d）

地区		男			女		
		18 岁～	45 岁～	60 岁～	18 岁～	45 岁～	60 岁～
太原	城市	0.2472	0.2681	0.1538	0.2123	0.1872	0.1347
	农村	0.1298	0.1301	0.1104	0.0815	0.0951	0.0899
大连	城市	0.0816	0.0812	0.1060	0.0761	0.0761	0.0398
	农村	0.2714	0.2445	0.1818	0.1979	0.1783	0.1529
上海	城市	0.0879	0.0789	0.0663	0.0684	0.0659	0.0538
	农村	0.0787	0.0649	0.0539	0.0646	0.0564	0.0509
武汉	城市	0.1895	0.1975	0.1522	0.1580	0.1036	0.1193
	农村	0.3400	0.2978	0.2305	0.2274	0.2562	0.2022
成都	城市	0.7800	0.7307	0.4412	0.6398	0.5627	0.4253
	农村	0.8169	0.8105	0.5988	0.6864	0.6452	0.5706
兰州	城市	0.0515	0.0478	0.0490	0.0431	0.0380	0.0363
	农村	0.0822	0.0720	0.0625	0.0613	0.0641	0.0442

3．交通空气

总体上，调查人群交通空气汞暴露水平城市高于农村，男性高于女性，18～44 岁人群最高。其中，城市调查人群男性 60 岁及以上交通空气汞暴露水平上海最高，其他年龄段成都最高，女性 60 岁及以上上海最高，其他年龄段成都最高；农村调查人群交通空气汞暴露水平成都最高（表 4-6）。

表 4-6　不同地区、城乡、性别和年龄调查人群交通空气汞暴露水平

单位：$\times 10^{-9}$mg/（kg·d）

地区		男			女		
		18 岁～	45 岁～	60 岁～	18 岁～	45 岁～	60 岁～
太原	城市	0.0539	0.0450	0.0313	0.0419	0.0406	0.0240
	农村	0.0203	0.0189	0.0141	0.0116	0.0119	0.0109
大连	城市	0.0156	0.0147	0.0131	0.0126	0.0118	0.0093
	农村	0.0300	0.0170	0.0168	0.0210	0.0159	0.0136
上海	城市	0.1043	0.0909	0.0781	0.0841	0.0753	0.0722
	农村	0.0403	0.0640	0.0402	0.0375	0.0370	0.0288
武汉	城市	0.0694	0.0564	0.0382	0.0502	0.0462	0.0411
	农村	0.0494	0.0498	0.0401	0.0328	0.0344	0.0296
成都	城市	0.2037	0.1140	0.0499	0.1513	0.1285	0.0691
	农村	0.1880	0.1766	0.1592	0.1204	0.1040	0.1296
兰州	城市	0.0208	0.0202	0.0132	0.0186	0.0139	0.0109
	农村	0.0208	0.0155	0.0133	0.0138	0.0137	0.0107

（二）饮用水

总体上，调查人群饮用水汞暴露水平太原和大连农村高于城市，其余调查地区均为城市高于农村，女性总体高于男性，60 岁及以上年龄段总体最低。调查人群饮用水汞暴露水平武汉最高（表 4-7）。

表 4-7　不同地区、城乡、性别和年龄调查人群饮用水汞暴露水平

单位：$\times 10^{-6}$mg/（kg·d）

地区		男			女		
		18 岁～	45 岁～	60 岁～	18 岁～	45 岁～	60 岁～
太原	城市	1.2965	1.6996	1.1582	1.9057	1.6497	1.2215
	农村	1.7284	1.7820	1.7058	1.8091	1.8328	1.6986
大连	城市	0.3487	0.3616	0.2276	0.3679	0.3877	0.3277
	农村	0.3753	0.4319	0.4281	0.4387	0.4214	0.4492
上海	城市	0.9342	0.9844	1.0308	1.1763	1.2683	1.1784
	农村	0.3960	0.4006	0.3957	0.4293	0.4173	0.3515

地区		男			女		
		18 岁～	45 岁～	60 岁～	18 岁～	45 岁～	60 岁～
武汉	城市	5.9762	7.3881	6.4872	5.8710	6.1084	5.0646
	农村	4.2599	4.7735	5.2077	4.8104	4.6556	4.8262
成都	城市	0.5884	0.6403	0.6534	0.7153	0.6965	0.6458
	农村	0.3645	0.3294	0.3836	0.4330	0.4179	0.4365
兰州	城市	2.3624	2.3201	2.4856	2.5333	2.1488	2.3519
	农村	1.5733	2.0872	1.6680	1.3034	1.7887	1.1721

1. 饮水

调查人群饮水汞暴露水平太原和大连农村总体上高于城市，其余调查地区城市高于农村，女性总体高于男性。调查人群饮水汞暴露水平武汉最高（表4-8）。

表4-8 不同地区、城乡、性别和年龄调查人群饮水汞暴露水平

单位：$\times 10^{-6}$mg/（kg·d）

地区		男			女		
		18 岁～	45 岁～	60 岁～	18 岁～	45 岁～	60 岁～
太原	城市	1.2964	1.6995	1.1581	1.9055	1.6495	1.2214
	农村	1.7283	1.7819	1.7057	1.8090	1.8327	1.6985
大连	城市	0.3486	0.3615	0.2275	0.3679	0.3877	0.3277
	农村	0.3752	0.4319	0.4281	0.4386	0.4213	0.4492
上海	城市	0.9342	0.9843	1.0307	1.1763	1.2683	1.1783
	农村	0.3960	0.4006	0.3956	0.4293	0.4173	0.3514
武汉	城市	5.9757	7.3876	6.4868	5.8705	6.1079	5.0641
	农村	4.2595	4.7731	5.2074	4.8100	4.6552	4.8258
成都	城市	0.5884	0.6402	0.6533	0.7153	0.6964	0.6458
	农村	0.3645	0.3294	0.3836	0.4330	0.4178	0.4365
兰州	城市	2.3623	2.3200	2.4856	2.5332	2.1487	2.3518
	农村	1.5733	2.0872	1.6680	1.3034	1.7886	1.1721

2. 用水

总体上，调查人群用水汞暴露水平城市高于农村，女性高于男性，调查人群用水汞暴露水平武汉最高（表4-9）。

表 4-9　不同地区、城乡、性别和年龄调查人群用水汞暴露水平

单位：×10^{-10}mg/（kg·d）

地区		男			女		
		18 岁～	45 岁～	60 岁～	18 岁～	45 岁～	60 岁～
太原	城市	1.2977	1.3209	1.0904	1.5870	1.2922	1.2530
	农村	1.0242	1.1851	1.1189	1.2868	0.9738	1.3326
大连	城市	0.3104	0.4820	0.3474	0.3531	0.3508	0.3986
	农村	0.3336	0.3215	0.3630	0.3898	0.3231	0.3539
上海	城市	0.5473	0.5773	0.7131	0.5666	0.6567	0.7222
	农村	0.1738	0.1752	0.2288	0.2599	0.1935	0.1612
武汉	城市	4.4480	4.8602	4.1465	4.9382	4.9802	4.4277
	农村	4.3635	4.4088	3.3631	4.3398	3.8737	3.7049
成都	城市	0.2438	0.2290	0.3636	0.2584	0.2884	0.2722
	农村	0.1408	0.1000	0.1339	0.1439	0.1403	0.1357
兰州	城市	0.8282	0.8750	0.6352	0.9917	0.7852	0.6074
	农村	0.2955	0.3266	0.2561	0.3657	0.7952	0.2952

（三）土壤

总体上，调查人群土壤汞暴露水平农村高于城市，男性高于女性。其中，城市调查人群男性 18～44 岁土壤汞暴露水平兰州最高，45～59 岁太原最高，60 岁及以上武汉最高，女性 18～44 岁兰州最高，其他年龄段武汉最高；农村调查人群土壤汞暴露水平武汉最高（表 4-10）。

1. 经呼吸道

调查人群土壤汞经呼吸道暴露水平男性高于女性，18～44 岁人群最高。其中，城市调查人群土壤汞经呼吸道暴露水平太原最高；农村调查人群土壤汞经呼吸道暴露水平武汉最高（表 4-11）。

表 4-10 不同地区、城乡、性别和年龄调查人群土壤汞暴露水平

单位：×10^{-8}mg/（kg·d）

地区		男			女		
		18 岁～	45 岁～	60 岁～	18 岁～	45 岁～	60 岁～
太原	城市	0.0097	0.7757	0.0082	0.0079	0.0076	0.0069
	农村	3.5886	4.4150	5.1763	3.4473	2.9348	2.9806
大连	城市	0.0003	0.0003	0.0003	0.0003	0.0466	0.0870
	农村	0.8133	0.7917	0.9328	0.7090	1.0478	1.1052
上海	城市	0.1736	0.1850	0.0007	0.1083	0.0872	0.1283
	农村	0.5961	1.3783	1.2569	0.4732	1.2295	2.0470
武汉	城市	0.2145	0.3536	1.4256	0.1677	0.3634	1.2181
	农村	5.5484	7.3865	10.4215	5.1824	10.2414	10.1177
成都	城市	0.0695	0.0004	0.0003	0.0316	0.1220	0.3530
	农村	2.5327	2.5922	2.0764	2.4843	3.4014	1.6976
兰州	城市	1.6664	0.3077	0.0030	0.6958	0.0026	0.8398
	农村	3.5172	4.3631	3.2510	3.6257	4.6471	2.7109

表 4-11 不同地区、城乡、性别和年龄调查人群土壤汞经呼吸道暴露水平

单位：×10^{-8}mg/（kg·d）

地区		男			女		
		18 岁～	45 岁～	60 岁～	18 岁～	45 岁～	60 岁～
太原	城市	0.0097	0.0092	0.0082	0.0079	0.0076	0.0069
	农村	0.0027	0.0026	0.0022	0.0021	0.0020	0.0019
大连	城市	0.0003	0.0003	0.0003	0.0003	0.0002	0.0002
	农村	0.0003	0.0003	0.0003	0.0002	0.0002	0.0002
上海	城市	0.0009	0.0008	0.0007	0.0007	0.0006	0.0006
	农村	0.0009	0.0008	0.0007	0.0007	0.0007	0.0006
武汉	城市	0.0032	0.0029	0.0025	0.0025	0.0023	0.0022
	农村	0.0032	0.0031	0.0027	0.0026	0.0024	0.0023
成都	城市	0.0004	0.0004	0.0003	0.0003	0.0003	0.0003
	农村	0.0009	0.0008	0.0007	0.0007	0.0007	0.0006
兰州	城市	0.0035	0.0033	0.0030	0.0029	0.0026	0.0025
	农村	0.0012	0.0011	0.0010	0.0009	0.0009	0.0008

2．经消化道

调查人群土壤汞经消化道暴露水平农村高于城市，男性总体高于女性。其中，城市调查人群男性 18～44 岁土壤汞经消化道暴露水平兰州最高，45～59 岁太原最高，60 岁及以上武汉最高，女性 18～44 岁兰州最高，其他年龄段武汉最高；农村调查人群土壤汞经消化道暴露水平武汉最高（表 4-12）。

表 4-12　不同地区、城乡、性别和年龄调查人群土壤汞经消化道暴露水平

单位：$\times 10^{-8}$mg/（kg·d）

地区		男			女		
		18 岁～	45 岁～	60 岁～	18 岁～	45 岁～	60 岁～
太原	城市	—	0.7442	—	—	—	—
	农村	3.2624	4.0862	4.7932	3.2241	2.7380	2.8335
大连	城市	—	—	—	—	0.0457	0.0857
	农村	0.7522	0.7309	0.8681	0.6619	0.9722	1.0392
上海	城市	0.1716	0.1821	—	0.1065	0.0861	0.1275
	农村	0.5864	1.3673	1.2436	0.4700	1.2196	2.0349
武汉	城市	0.2084	0.3503	1.4129	0.1624	0.3603	1.2095
	农村	5.3494	7.1607	10.0817	5.0479	9.9746	9.8900
成都	城市	0.0683	—	—	0.0310	0.1212	0.3495
	农村	2.3382	2.4130	1.9488	2.3182	3.1777	1.6231
兰州	城市	1.5431	0.2823	—	0.6839	—	0.8312
	农村	3.2294	4.0143	3.0050	3.3967	4.3014	2.5196

注："—"为无土壤接触行为的人。

3．经皮肤

调查人群土壤汞经皮肤暴露水平农村高于城市，男性总体上高于女性。城市调查人群男性 18～44 岁土壤汞经皮肤暴露水平兰州最高、45～59 岁太原最高、60 岁及以上武汉最高，女性 18～44 岁兰州最高，其他年龄段武汉最高；农村调查人群男性 45～59 岁土壤汞经皮肤暴露水平兰州最高、其他年龄段太原最高，女性 60 岁及以上武汉最高、其他年龄段兰州最高（表 4-13）。

表 4-13 不同地区、城乡、性别和年龄调查人群土壤汞经皮肤暴露水平

单位：$\times 10^{-8}$mg/（kg·d）

地区		男			女		
		18 岁～	45 岁～	60 岁～	18 岁～	45 岁～	60 岁～
太原	城市	—	0.0224	—	—	—	—
	农村	0.3235	0.3263	0.3808	0.2212	0.1948	0.1451
大连	城市	—	—	—	—	0.0006	0.0010
	农村	0.0608	0.0605	0.0644	0.0468	0.0753	0.0658
上海	城市	0.0011	0.0021	—	0.0011	0.0005	0.0002
	农村	0.0088	0.0102	0.0126	0.0025	0.0093	0.0114
武汉	城市	0.0030	0.0004	0.0102	0.0028	0.0005	0.0065
	农村	0.1959	0.2227	0.3371	0.1319	0.2644	0.2254
成都	城市	0.0009	—	—	0.0002	0.0005	0.0032
	农村	0.1937	0.1785	0.1269	0.1653	0.2230	0.0738
兰州	城市	0.1199	0.0221	—	0.0091	—	0.0061
	农村	0.2866	0.3477	0.2450	0.2281	0.3448	0.1905

注："—"为无土壤接触行为的人。

（四）膳食

总体上，调查人群膳食汞暴露水平太原和武汉农村高于城市，其余调查地区城市高于农村，女性高于男性。其中，城市调查人群膳食汞暴露水平大连最高；农村调查人群男性膳食汞暴露水平大连最高，女性 18～44 岁大连最高，其他年龄段武汉最高（表 4-14）。

表 4-14 不同地区、城乡、性别和年龄调查人群膳食汞暴露水平

单位：$\times 10^{-3}$mg/（kg·d）

地区		男			女		
		18 岁～	45 岁～	60 岁～	18 岁～	45 岁～	60 岁～
太原	城市	0.0256	0.0274	0.0261	0.0321	0.0318	0.0288
	农村	0.0282	0.0308	0.0294	0.0319	0.0310	0.0335
大连	城市	0.0936	0.0938	0.0941	0.1006	0.1096	0.0969
	农村	0.0885	0.0957	0.0936	0.1033	0.1033	0.0948
上海	城市	0.0329	0.0298	0.0316	0.0418	0.0377	0.0358
	农村	0.0287	0.0311	0.0301	0.0337	0.0332	0.0336

地区		男			女		
		18 岁～	45 岁～	60 岁～	18 岁～	45 岁～	60 岁～
武汉	城市	0.0343	0.0430	0.0367	0.0430	0.0370	0.0411
	农村	0.0854	0.0838	0.0888	0.0975	0.1064	0.1006
成都	城市	0.0387	0.0420	0.0405	0.0494	0.0504	0.0458
	农村	0.0370	0.0403	0.0368	0.0483	0.0421	0.0414
兰州	城市	0.0116	0.0125	0.0121	0.0149	0.0135	0.0141
	农村	0.0080	0.0083	0.0086	0.0087	0.0088	0.0091

二、镉

总体上，调查人群镉环境总暴露水平太原、大连和武汉农村高于城市，上海、成都和兰州城市高于农村，女性高于男性，18～44 岁人群最低。其中，城市调查人群镉环境总暴露水平成都最高；农村调查人群男性 45～59 岁镉环境总暴露水平成都最高，其他年龄段武汉最高，女性 18～44 岁成都最高，其他年龄段武汉最高（表 4-15）。

表 4-15 不同地区、城乡、性别和年龄调查人群镉环境总暴露水平

单位：$\times 10^{-3}$mg/（kg·d）

地区		男			女		
		18 岁～	45 岁～	60 岁～	18 岁～	45 岁～	60 岁～
太原	城市	0.0696	0.0745	0.0693	0.0845	0.0825	0.0779
	农村	0.0753	0.0853	0.0781	0.0826	0.0829	0.0903
大连	城市	0.0940	0.0975	0.0977	0.1002	0.1045	0.1142
	农村	0.1549	0.1667	0.1545	0.1820	0.1691	0.1450
上海	城市	0.0896	0.0828	0.0870	0.1151	0.1040	0.0981
	农村	0.0665	0.0704	0.0713	0.0768	0.0773	0.0878
武汉	城市	0.1754	0.1887	0.1771	0.1854	0.1902	0.1937
	农村	0.2221	0.2145	0.2179	0.2330	0.2653	0.2452
成都	城市	0.1915	0.2090	0.2014	0.2506	0.2383	0.2229
	农村	0.1795	0.2208	0.1812	0.2343	0.2059	0.2066
兰州	城市	0.0195	0.0219	0.0211	0.0251	0.0240	0.0243
	农村	0.0178	0.0183	0.0189	0.0193	0.0202	0.0193

（一）空气

总体上，调查人群空气镉暴露水平大连、上海和成都城市高于农村，太原、武汉和兰州农村高于城市，男性高于女性，18～44 岁人群最高。调查人群空气镉暴露水平大连最高（表 4-16）。

表 4-16 不同地区、城乡、性别和年龄调查人群空气镉暴露水平

单位：$\times 10^{-8}$mg/（kg·d）

地区		男			女		
		18 岁～	45 岁～	60 岁～	18 岁～	45 岁～	60 岁～
太原	城市	1.0336	0.9550	0.6746	0.8699	0.7981	0.5491
	农村	1.3641	1.3609	1.1555	0.8819	1.0201	0.9433
大连	城市	7.5733	7.0385	4.9336	5.6546	4.7282	4.3600
	农村	4.9646	4.6843	4.1312	4.0975	3.6940	3.4175
上海	城市	0.2734	0.2619	0.2183	0.2199	0.2112	0.1898
	农村	0.2458	0.2431	0.1831	0.2015	0.1867	0.1580
武汉	城市	3.0828	2.8523	2.4848	2.4245	2.3058	2.1238
	农村	3.7271	3.9076	3.2805	3.1018	2.8725	2.7151
成都	城市	3.2766	2.9573	2.2566	2.7770	2.5020	2.1546
	农村	1.3854	1.2830	1.0870	1.1449	1.0849	1.0169
兰州	城市	2.3264	2.1198	1.8033	1.9368	1.6515	1.5222
	农村	2.3101	2.6893	2.3588	2.4243	2.0679	1.8268

1. 室内空气

总体上，调查人群室内空气镉暴露水平武汉、兰州农村高于城市，其余调查点均为城市高于农村，男性高于女性，18～44 岁人群最高。调查人群室内空气镉暴露水平大连最高（表 4-17）。

2. 室外空气

总体上，调查人群室外空气镉暴露水平成都和大连城市高于农村，其余调查地区农村高于城市，男性高于女性，18～44 岁人群最高。其中，城市调查人群室外空气镉暴露水平均为成都最高；农村太原最高（表 4-18）。

表 4-17 不同地区、城乡、性别和年龄调查人群室内空气镉暴露水平

单位：×10⁻⁸mg/（kg·d）

地区		男			女		
		18 岁～	45 岁～	60 岁～	18 岁～	45 岁～	60 岁～
太原	城市	0.1740	0.1064	0.1545	0.1592	0.1483	0.1143
	农村	0.1200	0.1276	0.1019	0.0936	0.1160	0.0856
大连	城市	7.3502	6.8157	4.6574	5.4482	4.5206	4.2438
	农村	4.6941	4.4618	3.9502	3.9040	3.5337	3.2774
上海	城市	0.1120	0.1180	0.0971	0.0918	0.0927	0.0842
	农村	0.0626	0.0607	0.0454	0.0492	0.0476	0.0374
武汉	城市	2.6074	2.3938	2.1365	2.0441	2.0319	1.8312
	农村	2.7640	3.0182	2.5861	2.4590	2.1612	2.1408
成都	城市	2.2219	2.0587	1.7357	1.9377	1.7636	1.6285
	农村	1.0924	1.0049	0.8450	0.9467	0.9101	0.8144
兰州	城市	1.6623	1.4931	1.2492	1.3682	1.1782	1.0986
	农村	1.7113	2.1712	1.9182	1.9996	1.6217	1.5084

表 4-18 不同地区、城乡、性别和年龄调查人群室外空气镉暴露水平

单位：×10⁻⁸mg/（kg·d）

地区		男			女		
		18 岁～	45 岁～	60 岁～	18 岁～	45 岁～	60 岁～
太原	城市	0.5245	0.5688	0.3254	0.4501	0.3972	0.2858
	农村	1.2173	1.2082	1.0350	0.7730	0.8885	0.8432
大连	城市	0.1861	0.1880	0.2453	0.1767	0.1798	0.0942
	农村	0.2071	0.1865	0.1455	0.1491	0.1265	0.1113
上海	城市	0.0760	0.0695	0.0573	0.0593	0.0569	0.0464
	农村	0.1395	0.1131	0.0942	0.1118	0.0990	0.0894
武汉	城市	0.3477	0.3547	0.2780	0.2880	0.1888	0.2170
	农村	0.6558	0.5793	0.4447	0.4387	0.4972	0.3900
成都	城市	0.8218	0.7682	0.4638	0.6663	0.5916	0.4471
	农村	0.0531	0.0527	0.0389	0.0446	0.0421	0.0371
兰州	城市	0.4225	0.3920	0.4011	0.3532	0.3115	0.2974
	农村	0.4919	0.4387	0.3724	0.3539	0.3761	0.2634

3．交通空气

调查人群交通空气镉暴露水平太原、上海和兰州城市总体上高于农村，大连、武汉和成都农村高于城市，男性高于女性，18～44 岁人群最高。其中，城市调查人群交通空气镉暴露水平太原最高；农村武汉最高（表 4-19）。

表 4-19　不同地区、城乡、性别和年龄调查人群交通空气镉暴露水平

单位：×10⁻⁸mg/（kg·d）

地区		男			女		
		18 岁～	45 岁～	60 岁～	18 岁～	45 岁～	60 岁～
太原	城市	0.3352	0.2797	0.1947	0.2607	0.2526	0.1489
	农村	0.0269	0.0251	0.0186	0.0153	0.0157	0.0145
大连	城市	0.0370	0.0349	0.0309	0.0298	0.0278	0.0220
	农村	0.0634	0.0360	0.0356	0.0444	0.0337	0.0288
上海	城市	0.0854	0.0744	0.0639	0.0688	0.0616	0.0591
	农村	0.0436	0.0693	0.0435	0.0405	0.0400	0.0312
武汉	城市	0.1277	0.1039	0.0703	0.0924	0.0851	0.0756
	农村	0.3073	0.3101	0.2497	0.2041	0.2141	0.1843
成都	城市	0.2329	0.1304	0.0571	0.1730	0.1469	0.0791
	农村	0.2399	0.2253	0.2031	0.1536	0.1327	0.1654
兰州	城市	0.2415	0.2346	0.1529	0.2154	0.1618	0.1262
	农村	0.1068	0.0794	0.0681	0.0708	0.0701	0.0550

（二）饮用水

总体上，调查人群饮用水镉暴露水平上海、武汉城市高于农村，其余调查地区农村高于城市，女性高于男性。其中，城市调查人群饮用水镉暴露水平武汉最高；农村成都最高（表 4-20）。

表 4-20　不同地区、城乡、性别和年龄调查人群饮用水镉暴露水平

单位：×10⁻⁶mg/（kg·d）

地区		男			女		
		18 岁～	45 岁～	60 岁～	18 岁～	45 岁～	60 岁～
太原	城市	0.5756	0.7556	0.5503	0.7112	0.7030	0.5658
	农村	0.9492	0.7224	0.8738	0.8260	0.7546	1.0049
大连	城市	0.4676	0.4279	0.2853	0.4611	0.4374	0.3652
	农村	0.5362	0.6185	0.5840	0.6230	0.5633	0.6098
上海	城市	0.9741	1.2215	1.0279	1.2093	1.2738	1.1336
	农村	0.3208	0.3091	0.3231	0.3480	0.3195	0.2642
武汉	城市	2.6281	4.0353	4.0344	3.9902	2.9332	2.8857
	农村	1.5455	1.7215	2.1074	1.6106	1.7957	2.0489
成都	城市	1.3718	1.9442	1.6116	1.5826	1.5517	1.3288
	农村	3.2855	3.1179	3.3509	3.9657	3.7695	4.2319
兰州	城市	0.9985	1.1175	1.3606	1.1815	1.3412	1.3164
	农村	2.5775	2.8897	2.2893	1.9543	1.8613	1.9507

1. 饮水

总体上，调查人群饮水镉暴露水平上海和武汉城市高于农村、其余调查地区农村高于城市，女性高于男性。其中，城市调查人群饮水镉暴露水平武汉最高；农村成都最高（表 4-21）。

表 4-21　不同地区、城乡、性别和年龄调查人群饮水镉暴露水平

单位：×10⁻⁶mg/（kg·d）

地区		男			女		
		18 岁～	45 岁～	60 岁～	18 岁～	45 岁～	60 岁～
太原	城市	0.5756	0.7556	0.5502	0.7112	0.7030	0.5658
	农村	0.9491	0.7223	0.8737	0.8260	0.7546	1.0048
大连	城市	0.4676	0.4278	0.2852	0.4610	0.4374	0.3652
	农村	0.5362	0.6184	0.5840	0.6229	0.5632	0.6097
上海	城市	0.9741	1.2214	1.0278	1.2092	1.2737	1.1335
	农村	0.3208	0.3091	0.3231	0.3480	0.3195	0.2642

地区		男			女		
		18岁～	45岁～	60岁～	18岁～	45岁～	60岁～
武汉	城市	2.6278	4.0351	4.0342	3.9898	2.9329	2.8854
	农村	1.5453	1.7213	2.1073	1.6104	1.7956	2.0487
成都	城市	1.3717	1.9441	1.6115	1.5825	1.5517	1.3288
	农村	3.2854	3.1178	3.3508	3.9656	3.7694	4.2317
兰州	城市	0.9985	1.1174	1.3605	1.1815	1.3412	1.3163
	农村	2.5775	2.8896	2.2893	1.9542	1.8612	1.9507

2. 用水

总体上，调查人群用水镉暴露水平太原、上海和武汉城市高于农村，大连、成都和兰州农村高于城市，女性高于男性，18～44岁人群最高。调查人群用水镉暴露水平武汉最高（表4-22）。

表4-22　不同地区、城乡、性别和年龄调查人群用水镉暴露水平

单位：$\times 10^{-10}$mg/（kg·d）

地区		男			女		
		18岁～	45岁～	60岁～	18岁～	45岁～	60岁～
太原	城市	0.5886	0.5604	0.5152	0.6277	0.5659	0.5670
	农村	0.4836	0.4844	0.6201	0.6050	0.4198	0.7463
大连	城市	0.4134	0.5551	0.4253	0.4304	0.3923	0.4300
	农村	0.5202	0.5032	0.5033	0.6123	0.4241	0.5175
上海	城市	0.6011	0.6513	0.7269	0.6230	0.6859	0.7198
	农村	0.1365	0.1369	0.1840	0.1956	0.1538	0.1206
武汉	城市	3.1440	2.8943	2.8431	3.6445	2.8850	2.7940
	农村	1.6714	1.8599	1.4419	1.5554	1.5868	1.6993
成都	城市	0.6021	0.6720	0.8912	0.6546	0.5988	0.5904
	农村	1.2883	0.9449	1.1865	1.2568	1.1620	1.3158
兰州	城市	0.4144	0.4684	0.3658	0.5141	0.5049	0.3629
	农村	0.5610	0.8762	0.4501	0.6641	0.6811	0.4857

（三）土壤

总体上，调查人群土壤镉暴露水平农村高于城市，男性总体上高于女性。其中，城市调查人群男性18～44岁土壤镉暴露水平兰州最高、其他年龄段武汉最高，女性18～44岁兰州最高、其他年龄段成都最高；农村调查人群土壤镉暴露水平成都最高（表4-23）。

表4-23　不同地区、城乡、性别和年龄调查人群土壤镉暴露水平

单位：$\times 10^{-8}$mg/（kg·d）

地区		男			女		
		18 岁～	45 岁～	60 岁～	18 岁～	45 岁～	60 岁～
太原	城市	0.0039	0.3095	0.0033	0.0032	0.0030	0.0028
	农村	6.2165	7.6482	8.9669	5.9719	5.0840	5.1633
大连	城市	0.0034	0.0031	0.0027	0.0026	0.4787	0.8935
	农村	8.4599	8.2353	9.7035	7.3756	10.8996	11.4970
上海	城市	0.3159	0.3367	0.0012	0.1970	0.1587	0.2334
	农村	0.5429	1.2553	1.1448	0.4310	1.1198	1.8644
武汉	城市	0.4479	0.7384	2.9774	0.3502	0.7591	2.5441
	农村	10.3461	13.7735	19.4329	9.6635	19.0972	18.8664
成都	城市	2.2569	0.0122	0.0103	1.0252	3.9588	11.4550
	农村	29.3870	30.0771	24.0921	28.8244	39.4658	19.6966
兰州	城市	2.6983	0.4982	0.0048	1.1267	0.0043	1.3598
	农村	19.4530	24.1314	17.9806	20.0532	25.7021	14.9935

1．经呼吸道

调查人群土壤镉经呼吸道暴露水平太原、兰州农村高于城市，其他调查地区城市高于农村，男性高于女性，18～44岁人群最高。调查人群土壤镉经呼吸道暴露水平成都最高（表4-24）。

表 4-24　不同地区、城乡、性别和年龄调查人群土壤镉经呼吸道暴露水平

单位：$\times 10^{-8}$mg/（kg·d）

地区		男			女		
		18 岁～	45 岁～	60 岁～	18 岁～	45 岁～	60 岁～
太原	城市	0.0039	0.0037	0.0033	0.0032	0.0030	0.0028
	农村	0.0047	0.0044	0.0039	0.0036	0.0035	0.0033
大连	城市	0.0034	0.0031	0.0027	0.0026	0.0025	0.0022
	农村	0.0032	0.0030	0.0026	0.0026	0.0023	0.0021
上海	城市	0.0016	0.0014	0.0012	0.0013	0.0012	0.0011
	农村	0.0008	0.0008	0.0007	0.0006	0.0006	0.0006
武汉	城市	0.0066	0.0061	0.0053	0.0052	0.0049	0.0045
	农村	0.0060	0.0058	0.0050	0.0048	0.0046	0.0042
成都	城市	0.0126	0.0122	0.0103	0.0107	0.0097	0.0087
	农村	0.0099	0.0094	0.0081	0.0082	0.0077	0.0072
兰州	城市	0.0056	0.0054	0.0048	0.0046	0.0043	0.0041
	农村	0.0064	0.0061	0.0055	0.0052	0.0048	0.0047

2．经消化道

调查人群土壤镉经消化道暴露水平农村高于城市，男性总体高于女性，18～44 岁人群总体最低。其中，城市调查人群男性 18～44 岁土壤镉经消化道暴露水平兰州最高、其他年龄段武汉最高，女性 18～44 岁兰州最高、其他年龄段成都最高；农村调查人群土壤镉经消化道暴露水平成都最高（表 4-25）。

表 4-25　不同地区、城乡、性别和年龄调查人群土壤镉经消化道暴露水平

单位：$\times 10^{-8}$mg/（kg·d）

地区		男			女		
		18 岁～	45 岁～	60 岁～	18 岁～	45 岁～	60 岁～
太原	城市	—	0.2969	—	—	—	—
	农村	5.6515	7.0786	8.3034	5.5851	4.7430	4.9086
大连	城市	—	—	—	—	0.4697	0.8806
	农村	7.8245	7.6032	9.0306	6.8858	10.1136	10.8099
上海	城市	0.3123	0.3314	—	0.1938	0.1566	0.2320
	农村	0.5341	1.2453	1.1326	0.4281	1.1108	1.8534

地区		男			女		
		18 岁～	45 岁～	60 岁～	18 岁～	45 岁～	60 岁～
武汉	城市	0.4352	0.7315	2.9509	0.3391	0.7526	2.5261
	农村	9.9749	13.3524	18.7994	9.4129	18.5996	18.4418
成都	城市	2.2151	—	—	1.0070	3.9335	11.3413
	农村	27.1302	27.9971	22.6115	26.8981	36.8707	18.8325
兰州	城市	2.4986	0.4570	—	1.1074	—	1.3459
	农村	17.8612	22.2021	16.6202	18.7862	23.7900	13.9354

注："—"为无土壤接触行为的人。

3．经皮肤

调查人群土壤镉经皮肤暴露水平农村高于城市，男性总体高于女性。其中，城市调查人群男性 60 岁及以上土壤镉经皮肤暴露水平武汉最高、其他年龄段兰州最高，女性 18～44 岁兰州最高、其他年龄段成都最高；农村调查人群男性土壤镉经皮肤暴露水平成都最高，女性 60 岁及以上兰州最高、其他年龄段成都最高（表 4-26）。

表 4-26　不同地区、城乡、性别和年龄调查人群土壤镉经皮肤暴露水平

单位：$\times 10^{-8}$mg/（kg·d）

地区		男			女		
		18 岁～	45 岁～	60 岁～	18 岁～	45 岁～	60 岁～
太原	城市	—	0.0089	—	—	—	—
	农村	0.5604	0.5652	0.6597	0.3832	0.3375	0.2513
大连	城市	—	—	—	—	0.0065	0.0107
	农村	0.6322	0.6291	0.6703	0.4873	0.7837	0.6849
上海	城市	0.0021	0.0038	—	0.0020	0.0010	0.0004
	农村	0.0080	0.0092	0.0115	0.0023	0.0084	0.0104
武汉	城市	0.0062	0.0008	0.0213	0.0059	0.0016	0.0135
	农村	0.3652	0.4153	0.6285	0.2459	0.4930	0.4203
成都	城市	0.0292	—	—	0.0075	0.0156	0.1051
	农村	2.2469	2.0706	1.4725	1.9181	2.5874	0.8568
兰州	城市	0.1941	0.0358	—	0.0147	—	0.0098
	农村	1.5853	1.9232	1.3549	1.2618	1.9073	1.0534

注："—"为无土壤接触行为的人。

（四）膳食

总体上，调查人群膳食镉暴露水平太原、大连和武汉农村高于城市，上海、成都和兰州城市高于农村，女性高于男性，18～44岁人群最低。其中，城市调查人群膳食镉暴露水平成都最高；农村调查人群男性45～59岁膳食镉暴露水平成都最高、其他年龄段武汉最高，女性武汉最高（表4-27）。

表4-27　不同地区、城乡、性别和年龄调查人群膳食镉暴露水平

单位：$\times 10^{-3}$mg/（kg·d）

地区		男			女		
		18 岁～	45 岁～	60 岁～	18 岁～	45 岁～	60 岁～
太原	城市	0.0690	0.0737	0.0688	0.0837	0.0818	0.0773
	农村	0.0743	0.0845	0.0771	0.0818	0.0821	0.0892
大连	城市	0.0935	0.0970	0.0974	0.0997	0.1040	0.1138
	农村	0.1542	0.1660	0.1537	0.1813	0.1684	0.1442
上海	城市	0.0886	0.0816	0.0860	0.1139	0.1027	0.0969
	农村	0.0661	0.0701	0.0709	0.0764	0.0769	0.0876
武汉	城市	0.1728	0.1846	0.1730	0.1813	0.1873	0.1907
	农村	0.2204	0.2126	0.2156	0.2312	0.2633	0.2430
成都	城市	0.1901	0.2071	0.1998	0.2490	0.2366	0.2214
	农村	0.1759	0.2173	0.1776	0.2300	0.2018	0.2022
兰州	城市	0.0184	0.0208	0.0198	0.0239	0.0226	0.0230
	农村	0.0150	0.0152	0.0164	0.0171	0.0181	0.0172

三、砷

调查人群砷环境总暴露水平太原、大连和兰州总体农村高于城市，上海、武汉和成都城市高于农村，女性总体高于男性。调查人群砷环境总暴露水平大连最高（表4-28）。

表 4-28　不同地区、城乡、性别和年龄调查人群砷环境总暴露水平

单位：×10^{-3}mg/（kg·d）

地区		男			女		
		18 岁～	45 岁～	60 岁～	18 岁～	45 岁～	60 岁～
太原	城市	0.1842	0.2002	0.1836	0.2301	0.2288	0.2052
	农村	0.2595	0.2829	0.2692	0.2721	0.2725	0.3102
大连	城市	3.9830	4.0930	4.1014	4.4877	4.6722	4.2743
	农村	4.2552	4.7289	4.5808	4.9876	5.0104	4.1560
上海	城市	1.1100	1.1322	1.0720	1.4366	1.2829	1.2077
	农村	0.8423	0.9263	0.8851	1.0936	1.0098	1.0500
武汉	城市	0.3932	0.4239	0.3905	0.3832	0.4009	0.4155
	农村	0.3301	0.3179	0.3498	0.3476	0.3630	0.3665
成都	城市	2.5135	2.8312	2.7288	3.5107	3.1186	2.8840
	农村	1.6687	1.7200	1.6044	2.1622	1.8536	1.7913
兰州	城市	0.1032	0.1152	0.1182	0.1240	0.1212	0.1300
	农村	0.1185	0.1254	0.1172	0.1133	0.1265	0.1072

（一）空气

总体上，调查人群空气砷暴露水平上海、成都和兰州城市高于农村，太原、大连和武汉农村高于城市，男性高于女性，18～44 岁人群最高。调查人群空气砷暴露水平兰州最高（表 4-29）。

表 4-29　不同地区、城乡、性别和年龄调查人群空气砷暴露水平

单位：×10^{-7}mg/（kg·d）

地区		男			女		
		18 岁～	45 岁～	60 岁～	18 岁～	45 岁～	60 岁～
太原	城市	0.2060	0.2111	0.1422	0.1747	0.1565	0.1192
	农村	0.6177	0.5806	0.4934	0.4145	0.4213	0.3947
大连	城市	5.4163	4.8205	3.7685	4.0307	3.5763	3.4597
	农村	5.3068	5.0185	4.4704	4.3761	3.9644	3.6645
上海	城市	8.5096	7.9830	6.7476	7.0590	6.3484	5.8829
	农村	7.8023	7.3353	6.2073	6.1411	5.7499	5.3041

地区		男			女		
		18 岁～	45 岁～	60 岁～	18 岁～	45 岁～	60 岁～
武汉	城市	1.2808	1.2206	1.0233	1.0705	0.9753	0.8367
	农村	3.3108	2.6700	2.0226	2.6635	1.7882	1.6977
成都	城市	5.0104	5.2907	3.2186	4.6886	4.5209	4.1087
	农村	1.6164	1.6342	1.3466	1.4448	1.2071	1.1972
兰州	城市	22.3282	20.7005	17.5623	17.4369	16.6022	15.7226
	农村	12.5024	12.1024	10.9640	10.1810	9.4426	9.5050

1．室内空气

总体上，调查人群室内空气砷暴露水平上海、成都和兰州城市高于农村，太原、大连和武汉农村高于城市，男性高于女性，18～44 岁人群最高。调查人群室内空气砷暴露水平兰州最高（表 4-30）。

表 4-30　不同地区、城乡、性别和年龄调查人群室内空气砷暴露水平

单位：×10⁻⁷mg/（kg·d）

地区		男			女		
		18 岁～	45 岁～	60 岁～	18 岁～	45 岁～	60 岁～
太原	城市	0.0372	0.0323	0.0365	0.0300	0.0288	0.0290
	农村	0.3006	0.2666	0.2367	0.2194	0.2009	0.1878
大连	城市	5.0986	4.5005	3.3765	3.7329	3.2628	3.2931
	农村	4.8105	4.6121	4.1381	4.0210	3.6639	3.4201
上海	城市	7.7664	7.3256	6.1892	6.4696	5.8009	5.4020
	农村	6.8799	6.4330	5.5205	5.3761	5.0566	4.6845
武汉	城市	1.0491	0.9994	0.8545	0.8855	0.8422	0.6946
	农村	2.7125	2.1225	1.5999	2.2639	1.3435	1.3413
成都	城市	4.2509	4.6124	2.8184	4.0720	3.9784	3.7126
	农村	1.2489	1.2711	1.0746	1.1416	0.9195	0.9408
兰州	城市	21.9533	20.3452	17.2405	17.1126	16.3317	15.4779
	农村	12.0424	11.7111	10.6265	9.8473	9.0973	9.2597

2．室外空气

总体上，调查人群室外空气砷暴露水平成都城市高于农村，其他调查地区均农

村高于城市，男性高于女性，18～44 岁人群最高。其中，城市调查人群室外空气砷暴露水平成都最高；农村上海最高（表 4-31）。

表 4-31　不同地区、城乡、性别和年龄调查人群室外空气砷暴露水平

单位：×10⁻⁷mg/（kg·d）

地区		男			女		
		18 岁～	45 岁～	60 岁～	18 岁～	45 岁～	60 岁～
太原	城市	0.1518	0.1646	0.0959	0.1316	0.1150	0.0827
	农村	0.2346	0.2369	0.1994	0.1480	0.1722	0.1625
大连	城市	0.2529	0.2589	0.3378	0.2456	0.2647	0.1281
	农村	0.3763	0.3382	0.2649	0.2710	0.2367	0.1899
上海	城市	0.4147	0.3712	0.3126	0.3248	0.3106	0.2535
	农村	0.7303	0.5973	0.4953	0.5865	0.5171	0.4822
武汉	城市	0.1698	0.1709	0.1347	0.1402	0.0919	0.1054
	农村	0.4712	0.4192	0.3195	0.3152	0.3562	0.2802
成都	城市	0.6589	0.6220	0.3755	0.5419	0.4790	0.3620
	农村	0.3398	0.3371	0.2485	0.2855	0.2723	0.2374
兰州	城市	0.2592	0.2430	0.2486	0.2212	0.1931	0.1843
	农村	0.3635	0.3196	0.2760	0.2698	0.2820	0.1956

3. 交通空气

总体上，调查人群交通空气砷暴露水平上海、成都和兰州城市高于农村，太原、大连和武汉农村高于城市，男性高于女性，18～44 岁人群最高。调查人群交通空气砷暴露水平上海最高（表 4-32）。

表 4-32　不同地区、城乡、性别和年龄调查人群交通空气砷暴露水平

单位：×10⁻⁷mg/（kg·d）

地区		男			女		
		18 岁～	45 岁～	60 岁～	18 岁～	45 岁～	60 岁～
太原	城市	0.0169	0.0141	0.0098	0.0132	0.0128	0.0075
	农村	0.0826	0.0770	0.0573	0.0471	0.0482	0.0444
大连	城市	0.0648	0.0611	0.0542	0.0522	0.0488	0.0385
	农村	0.1200	0.0681	0.0674	0.0841	0.0639	0.0545

地区		男			女		
		18岁～	45岁～	60岁～	18岁～	45岁～	60岁～
上海	城市	0.3284	0.2862	0.2458	0.2647	0.2369	0.2274
	农村	0.1921	0.3050	0.1915	0.1786	0.1762	0.1374
武汉	城市	0.0619	0.0504	0.0341	0.0448	0.0413	0.0367
	农村	0.1271	0.1283	0.1033	0.0844	0.0885	0.0762
成都	城市	0.1006	0.0563	0.0247	0.0747	0.0635	0.0341
	农村	0.0277	0.0260	0.0235	0.0178	0.0153	0.0191
兰州	城市	0.1156	0.1123	0.0732	0.1031	0.0774	0.0604
	农村	0.0965	0.0717	0.0615	0.0640	0.0633	0.0496

（二）饮用水

总体上，调查人群饮用水砷暴露水平太原、成都农村高于城市，其他调查地区城市高于农村，女性高于男性。其中，城市调查人群饮用水砷暴露水平武汉最高；农村调查人群男性 60 岁及以上饮用水砷暴露水平成都最高、其他年龄段兰州最高，女性成都最高（表 4-33）。

表 4-33　不同地区、城乡、性别和年龄调查人群饮用水砷暴露水平

单位：$\times10^{-5}$mg/（kg·d）

地区		男			女		
		18岁～	45岁～	60岁～	18岁～	45岁～	60岁～
太原	城市	2.0514	2.5841	2.0766	2.8751	2.6428	2.2628
	农村	2.8084	2.7397	2.7302	2.7797	2.9711	2.7245
大连	城市	1.5240	1.6404	1.0116	1.6554	1.7465	1.4374
	农村	1.0020	1.1348	1.1809	1.1892	1.1900	1.3426
上海	城市	1.6552	1.7568	1.6833	2.1503	2.1121	1.9191
	农村	1.0946	1.0374	1.0219	1.1388	1.0577	0.9070
武汉	城市	3.8765	6.7596	5.8931	4.0083	5.6730	4.6684
	农村	2.6949	2.9737	2.9745	3.2587	2.6783	2.6060
成都	城市	1.7218	1.7584	1.4432	1.9805	1.9415	1.5639
	农村	3.2566	2.8254	3.0587	3.8447	3.9077	3.9298
兰州	城市	3.0730	3.3489	4.3303	3.2907	3.8137	4.2541
	农村	3.2938	3.5624	2.9112	2.4280	2.2857	1.9911

1. 饮水

总体上，调查人群饮水砷暴露水平太原、成都农村高于城市，其他调查地区城市高于农村，女性高于男性。其中，城市调查人群饮水砷暴露水平武汉最高；农村调查人群男性 60 岁及以上饮水砷暴露水平成都最高、其他年龄段兰州最高，女性成都最高（表 4-34）。

表 4-34　不同地区、城乡、性别和年龄调查人群饮水砷暴露水平

单位：$\times 10^{-5}$mg/（kg·d）

地区		男			女		
		18 岁～	45 岁～	60 岁～	18 岁～	45 岁～	60 岁～
太原	城市	2.0510	2.5837	2.0762	2.8746	2.6424	2.2623
	农村	2.8081	2.7394	2.7299	2.7794	2.9708	2.7241
大连	城市	1.5237	1.6400	1.0114	1.6551	1.7463	1.4371
	农村	1.0018	1.1346	1.1807	1.1890	1.1898	1.3424
上海	城市	1.6550	1.7567	1.6831	2.1501	2.1119	1.9189
	农村	1.0945	1.0373	1.0218	1.1387	1.0576	0.9069
武汉	城市	3.8760	6.7589	5.8924	4.0076	5.6722	4.6677
	农村	2.6944	2.9733	2.9742	3.2582	2.6779	2.6057
成都	城市	1.7217	1.7583	1.4430	1.9804	1.9414	1.5637
	农村	3.2564	2.8252	3.0585	3.8445	3.9074	3.9296
兰州	城市	3.0728	3.3486	4.3301	3.2904	3.8134	4.2539
	农村	3.2937	3.5623	2.9112	2.4279	2.2856	1.9910

2. 用水

调查人群用水砷暴露水平成都农村高于城市，其他调查地区城市高于农村，女性总体高于男性。其中，城市调查人群用水砷暴露水平武汉最高；农村调查人群男性用水砷暴露水平武汉最高，女性 60 岁及以上太原最高、其他年龄段武汉最高（表 4-35）。

表 4-35 不同地区、城乡、性别和年龄调查人群用水砷暴露水平

单位：$\times 10^{-9}$mg/（kg·d）

地区		男			女		
		18 岁～	45 岁～	60 岁～	18 岁～	45 岁～	60 岁～
太原	城市	4.1124	3.9969	3.7020	5.0870	4.2920	4.3649
	农村	2.8630	3.1392	3.0872	3.3785	2.7973	3.6946
大连	城市	2.4642	3.9375	2.7604	2.8753	2.8740	3.1692
	农村	1.6818	1.5602	1.8343	1.9623	1.7111	1.9455
上海	城市	1.8889	1.7780	2.1050	1.9833	2.0600	2.0896
	农村	0.8434	0.8225	1.0896	1.2575	0.9183	0.7402
武汉	城市	5.7674	7.3446	6.3868	6.2674	7.7034	6.9330
	农村	4.6636	4.3229	3.2698	5.0217	3.9159	3.3132
成都	城市	1.3987	1.2090	1.7832	1.3447	1.3967	1.1785
	农村	2.3364	1.5869	2.1341	2.3356	2.3240	2.2869
兰州	城市	2.4000	2.4285	2.1156	2.7194	2.6911	2.1170
	农村	0.8722	1.0678	0.7204	1.2142	1.2538	0.8893

（三）土壤

调查人群土壤砷暴露水平农村高于城市，男性总体高于女性。其中，城市调查人群男性 18～44 岁土壤砷暴露水平兰州最高、45～59 岁上海最高、60 岁及以上武汉最高，女性 18～44 岁上海最高、其他年龄段成都最高；农村调查人群男性 60 岁及以上土壤砷暴露水平武汉最高、其他年龄段成都最高，女性成都最高（表 4-36）。

表 4-36 不同地区、城乡、性别和年龄调查人群土壤砷暴露水平

单位：$\times 10^{-5}$mg/（kg·d）

地区		男			女		
		18 岁～	45 岁～	60 岁～	18 岁～	45 岁～	60 岁～
太原	城市	0.0003	0.0378	0.0002	0.0002	0.0002	0.0002
	农村	1.3555	1.4503	1.6951	1.0307	0.8972	0.7513
大连	城市	0.0001	0.0001	0.0001	0.0001	0.0257	0.0464
	农村	0.8022	0.7928	0.8724	0.6439	1.0067	0.9389

地区		男			女		
		18 岁～	45 岁～	60 岁～	18 岁～	45 岁～	60 岁～
上海	城市	0.2085	0.2479	0.0007	0.1411	0.1033	0.1355
	农村	0.8521	1.6740	1.6241	0.5454	1.4990	2.3807
武汉	城市	0.0303	0.0368	0.1736	0.0252	0.0389	0.1417
	农村	2.7578	3.4003	4.9602	2.2121	4.3983	4.0904
成都	城市	0.2057	0.0008	0.0007	0.0824	0.2924	0.9611
	农村	6.7131	6.3990	4.7426	5.9960	8.1298	3.1628
兰州	城市	0.2601	0.0480	0.0002	0.0485	0.0001	0.0514
	农村	2.1373	2.6102	1.8709	1.8504	2.6464	1.4877

1. 经呼吸道

总体上，调查人群土壤砷经呼吸道暴露水平大连、成都城市高于农村，其他调查地区农村高于城市，男性高于女性，18～44 岁年龄段最高。其中，城市调查人群男性 18～44 岁土壤砷经呼吸道暴露水平上海最高、其他年龄段成都最高，女性 45～59 岁成都最高、其他年龄段上海最高；农村调查人群土壤砷经呼吸道暴露水平上海最高（表 4-37）。

表 4-37　不同地区、城乡、性别和年龄调查人群土壤砷经呼吸道暴露水平

单位：$\times 10^{-8}$mg/（kg·d）

地区		男			女		
		18 岁～	45 岁～	60 岁～	18 岁～	45 岁～	60 岁～
太原	城市	0.2586	0.2438	0.2190	0.2099	0.2029	0.1838
	农村	0.2821	0.2673	0.2350	0.2167	0.2085	0.2016
大连	城市	0.1298	0.1201	0.1032	0.1010	0.0951	0.0856
	农村	0.0956	0.0905	0.0787	0.0770	0.0700	0.0639
上海	城市	0.8628	0.8000	0.6797	0.7150	0.6391	0.5901
	农村	0.8953	0.8500	0.7149	0.7096	0.6656	0.6108
武汉	城市	0.3179	0.2930	0.2541	0.2512	0.2355	0.2178
	农村	0.7876	0.7676	0.6626	0.6271	0.5996	0.5575
成都	城市	0.8371	0.8117	0.6800	0.7071	0.6450	0.5757
	农村	0.7039	0.6700	0.5776	0.5827	0.5469	0.5146
兰州	城市	0.1761	0.1692	0.1508	0.1443	0.1328	0.1266
	农村	0.2100	0.1996	0.1792	0.1704	0.1578	0.1526

2．经消化道

调查人群土壤砷经消化道暴露水平农村高于城市，男性总体高于女性，18～44
岁人群总体最低。其中，城市调查人群男性60岁及以上土壤砷经消化道暴露水平武
汉最高、其他年龄段上海最高，女性18～44岁上海最高、其他年龄段成都最高；农
村调查人群男性土壤砷经消化道暴露水平成都最高，女性60岁及以上调查人群武汉
最高、其他年龄段人群成都最高（表4-38）。

表4-38 不同地区、城乡、性别和年龄调查人群土壤砷经消化道暴露水平

单位：$\times 10^{-5}$mg/（kg·d）

地区		男			女		
		18岁～	45岁～	60岁～	18岁～	45岁～	60岁～
太原	城市	—	0.0198	—	—	—	—
	农村	0.3410	0.4271	0.5010	0.3370	0.2861	0.2961
大连	城市	—	—	—	—	0.0181	0.0340
	农村	0.2343	0.2276	0.2704	0.2061	0.3028	0.3236
上海	城市	0.1729	0.1835	—	0.1073	0.0867	0.1285
	农村	0.5868	1.3684	1.2446	0.4704	1.2206	2.0366
武汉	城市	0.0210	0.0353	0.1425	0.0164	0.0363	0.1220
	农村	1.3138	1.7587	2.4761	1.2398	2.4498	2.4290
成都	城市	0.1468	—	—	0.0667	0.2607	0.7516
	农村	1.9263	1.9879	1.6055	1.9098	2.6179	1.3372
兰州	城市	0.0780	0.0143	—	0.0346	—	0.0420
	农村	0.5835	0.7253	0.5429	0.6137	0.7771	0.4552

注："—"为无土壤接触行为的人。

3．经皮肤

调查人群土壤经砷皮肤暴露水平农村高于城市，男性总体高于女性。其中，城
市调查人群男性18～44岁土壤砷经皮肤暴露水平兰州最高、45～59岁上海最高、
60岁及以上武汉最高，女性18～44岁上海最高、其他年龄段成都最高；农村调查
人群土壤砷经皮肤暴露水平均为成都最高（表4-39）。

表 4-39   不同地区、城乡、性别和年龄调查人群土壤砷经皮肤暴露水平

单位：$\times 10^{-5}$mg/（kg·d）

地区		男			女		
		18 岁～	45 岁～	60 岁～	18 岁～	45 岁～	60 岁～
太原	城市	—	0.0178	—	—	—	—
	农村	1.0143	1.0230	1.1939	0.6935	0.6109	0.4549
大连	城市	—	—	—	—	0.0075	0.0123
	农村	0.5678	0.5651	0.6020	0.4377	0.7038	0.6152
上海	城市	0.0347	0.0636	—	0.0331	0.0159	0.0065
	农村	0.2643	0.3048	0.3788	0.0743	0.2778	0.3435
武汉	城市	0.0089	0.0012	0.0308	0.0086	0.0023	0.0195
	农村	1.4432	1.6409	2.4834	0.9717	1.9479	1.6608
成都	城市	0.0581	—	—	0.0149	0.0310	0.2089
	农村	4.7861	4.4104	3.1366	4.0856	5.5113	1.8251
兰州	城市	0.1819	0.0335	—	0.0137	—	0.0092
	农村	1.5536	1.8847	1.3278	1.2365	1.8691	1.0323

注："—"为无土壤接触行为的人。

（四）膳食

调查人群膳食砷暴露水平太原和大连农村高于城市，其他调查地区城市高于农村，女性总体高于男性。调查人群膳食砷暴露水平大连最高（表 4-40）。

表 4-40   不同地区、城乡、性别和年龄调查人群膳食砷暴露水平

单位：$\times 10^{-3}$mg/（kg·d）

地区		男			女		
		18 岁～	45 岁～	60 岁～	18 岁～	45 岁～	60 岁～
太原	城市	0.1637	0.1740	0.1628	0.2014	0.2024	0.1825
	农村	0.2178	0.2409	0.2249	0.2340	0.2338	0.2754
大连	城市	3.9673	4.0762	4.0909	4.4707	4.6541	4.2591
	农村	4.2366	4.7091	4.5599	4.9688	4.9880	4.1328

地区		男			女		
		18 岁～	45 岁～	60 岁～	18 岁～	45 岁～	60 岁～
上海	城市	1.0905	1.1114	1.0544	1.4130	1.2601	1.1865
	农村	0.8221	0.8985	0.8580	1.0762	0.9837	1.0166
武汉	城市	0.3540	0.3559	0.3297	0.3427	0.3437	0.3673
	农村	0.2753	0.2539	0.2703	0.2927	0.2921	0.2994
成都	城市	2.4937	2.8131	2.7140	3.4896	3.0958	2.8583
	农村	1.5688	1.6275	1.5262	2.0637	1.7331	1.7203
兰州	城市	0.0677	0.0791	0.0731	0.0888	0.0815	0.0854
	农村	0.0630	0.0625	0.0683	0.0695	0.0763	0.0714

四、铅

调查人群铅环境总暴露水平大连、成都农村高于城市，其他调查地区城市高于农村，女性总体高于男性。调查人群铅环境总暴露水平成都最高（表 4-41）。

表 4-41　不同地区、城乡、性别和年龄调查人群铅环境总暴露水平

单位：$\times 10^{-3}$mg/（kg·d）

地区		男			女		
		18 岁～	45 岁～	60 岁～	18 岁～	45 岁～	60 岁～
太原	城市	0.1192	0.1285	0.1223	0.1450	0.1568	0.1358
	农村	0.1154	0.1159	0.1187	0.1212	0.1164	0.1356
大连	城市	0.5626	0.5737	0.5711	0.6552	0.6475	0.5623
	农村	0.6280	0.6599	0.7935	0.7174	0.7119	0.6568
上海	城市	0.6530	0.6404	0.6273	0.8186	0.7511	0.7181
	农村	0.4988	0.5082	0.5191	0.5714	0.5797	0.5556
武汉	城市	0.6764	0.6361	0.6299	0.6385	0.6510	0.6897
	农村	0.4933	0.6097	0.5462	0.5580	0.5651	0.5957
成都	城市	1.9598	2.1110	2.0361	2.4766	2.6541	2.2571
	农村	3.1458	3.4441	3.1979	4.0205	3.5709	3.4804
兰州	城市	0.3193	0.3446	0.3317	0.4270	0.3652	0.3832
	农村	0.2562	0.2598	0.2761	0.2817	0.3236	0.2760

（一）空气

总体上，调查人群空气铅暴露水平成都和兰州城市高于农村、其他调查地区农村高于城市，男性高于女性，18～44 岁人群最高。调查人群空气铅暴露水平武汉最高（表 4-42）。

表 4-42　不同地区、城乡、性别和年龄调查人群空气铅暴露水平

单位：$\times 10^{-7}$mg/（kg·d）

地区		男			女		
		18 岁～	45 岁～	60 岁～	18 岁～	45 岁～	60 岁～
太原	城市	6.5595	6.1100	4.8047	5.4042	5.0263	4.1388
	农村	7.1348	7.1858	5.9937	5.2017	5.9405	5.0314
大连	城市	2.3532	2.1641	2.1012	1.9249	2.0113	2.1422
	农村	3.9372	3.7434	3.2987	3.2175	2.9163	2.8734
上海	城市	1.7885	1.6180	1.3473	1.4502	1.2800	1.1734
	农村	1.7844	1.7766	1.3457	1.4688	1.3542	1.1558
武汉	城市	8.4334	7.9902	6.7495	6.7399	6.3552	5.6096
	农村	8.5816	8.5547	7.4174	6.8227	6.6404	6.1147
成都	城市	6.1855	6.6601	4.1483	5.7174	5.4611	5.0033
	农村	5.5714	5.7950	5.2031	4.8629	4.4693	4.8064
兰州	城市	5.8178	5.5470	4.6241	4.7929	4.3672	3.9450
	农村	3.6479	3.6576	3.1463	3.1369	2.9090	2.6114

1. 室内空气

调查人群室内空气铅暴露水平太原和大连农村高于城市，其他调查地区城市高于农村，男性高于女性，18～44 岁人群较高。调查人群室内空气铅暴露水平武汉最高（表 4-43）。

2. 室外空气

总体上，调查人群室外空气铅暴露水平成都和兰州城市高于农村、其他调查地区农村高于城市，男性高于女性，60 岁及以上年龄段人群较低。其中，城市调查人群男性 45～59 岁室外空气铅总暴露水平武汉最高、其他年龄段兰州最高，女性调查人群兰州最高；农村调查人群室外空气铅暴露水平太原最高（表 4-44）。

表 4-43　不同地区、城乡、性别和年龄调查人群室内空气铅暴露水平

单位：×10^{-7}mg/（kg·d）

地区		男			女		
		18 岁～	45 岁～	60 岁～	18 岁～	45 岁～	60 岁～
太原	城市	4.6196	4.2606	3.6429	3.8213	3.5608	3.1841
	农村	4.7703	4.8710	4.0427	3.7197	4.2665	3.4522
大连	城市	1.9219	1.7300	1.5619	1.5208	1.6091	1.9175
	农村	3.0729	3.0357	2.7258	2.6022	2.3991	2.4416
上海	城市	0.9151	0.8436	0.6914	0.7559	0.6385	0.6022
	农村	0.8388	0.8211	0.6294	0.6822	0.6330	0.5322
武汉	城市	6.8333	6.4378	5.5736	5.4556	5.4295	4.6209
	农村	6.2140	6.4105	5.7457	5.2413	4.8745	4.7043
成都	城市	5.2401	5.9142	3.7298	4.9774	4.8182	4.5645
	农村	4.6057	4.8599	4.4459	4.1386	3.8069	4.1357
兰州	城市	4.1145	3.9445	3.1727	3.3401	3.1470	2.8413
	农村	2.4657	2.6476	2.2824	2.2991	2.0309	1.9844

表 4-44　不同地区、城乡、性别和年龄调查人群室外空气铅暴露水平

单位：×10^{-7}mg/（kg·d）

地区		男			女		
		18 岁～	45 岁～	60 岁～	18 岁～	45 岁～	60 岁～
太原	城市	0.9217	0.9997	0.5702	0.7910	0.6980	0.5023
	农村	1.9849	1.9606	1.6876	1.2653	1.4525	1.3750
大连	城市	0.3628	0.3693	0.4819	0.3488	0.3506	0.1839
	农村	0.6653	0.5947	0.4612	0.4759	0.4112	0.3414
上海	城市	0.4125	0.3727	0.3109	0.3228	0.3089	0.2521
	农村	0.6991	0.5640	0.4706	0.5574	0.4951	0.4473
武汉	城市	1.1627	1.1966	0.9351	0.9679	0.6344	0.7298
	农村	1.8747	1.6466	1.2712	1.2541	1.4226	1.1148
成都	城市	0.6021	0.5537	0.3343	0.4850	0.4264	0.3222
	农村	0.5303	0.5262	0.3885	0.4456	0.4215	0.3705
兰州	城市	1.1810	1.0952	1.1206	0.9870	0.8703	0.8309
	农村	0.9492	0.8367	0.7153	0.6833	0.7253	0.5071

3．交通空气

调查人群交通空气铅暴露水平太原、上海和兰州城市高于农村，大连、武汉和成都农村高于城市，男性高于女性，18～44 岁人群较高。其中，城市调查人群交通空气铅暴露水平太原最高；农村调查人群男性交通空气铅暴露水平武汉最高，女性 60 岁及以上成都最高、其他年龄段武汉最高（表 4-45）。

表 4-45　不同地区、城乡、性别和年龄调查人群交通空气铅暴露水平

单位：$\times 10^{-7}$mg/（kg·d）

地区		男			女		
		18 岁～	45 岁～	60 岁～	18 岁～	45 岁～	60 岁～
太原	城市	1.0182	0.8498	0.5916	0.7919	0.7675	0.4524
	农村	0.3796	0.3541	0.2634	0.2167	0.2216	0.2042
大连	城市	0.0686	0.0648	0.0574	0.0553	0.0517	0.0408
	农村	0.1990	0.1130	0.1117	0.1394	0.1059	0.0904
上海	城市	0.4609	0.4016	0.3450	0.3714	0.3325	0.3191
	农村	0.2465	0.3914	0.2458	0.2291	0.2261	0.1763
武汉	城市	0.4374	0.3557	0.2407	0.3164	0.2914	0.2589
	农村	0.4929	0.4975	0.4005	0.3273	0.3434	0.2957
成都	城市	0.3433	0.1922	0.0842	0.2550	0.2166	0.1165
	农村	0.4354	0.4090	0.3686	0.2788	0.2409	0.3002
兰州	城市	0.5223	0.5074	0.3307	0.4658	0.3498	0.2729
	农村	0.2330	0.1732	0.1486	0.1545	0.1528	0.1198

（二）饮用水

总体上，调查人群饮用水铅暴露水平大连、武汉城市高于农村，其他调查地区农村高于城市，女性高于男性。其中，城市调查人群饮用水铅暴露水平武汉最高；农村调查人群女性 60 岁及以上太原最高，其他人群均为武汉最高（表 4-46）。

表 4-46　不同地区、城乡、性别和年龄调查人群饮用水铅暴露水平

单位：×10^{-5}mg/（kg·d）

地区		男			女		
		18 岁～	45 岁～	60 岁～	18 岁～	45 岁～	60 岁～
太原	城市	0.5588	0.7386	0.7777	0.6978	0.7740	0.7501
	农村	1.7620	0.9951	1.5119	1.3899	1.0605	2.1592
大连	城市	0.8345	1.0797	0.6239	0.9678	1.1666	1.0235
	农村	0.5354	0.6140	0.6057	0.6308	0.6150	0.6906
上海	城市	0.9714	0.9742	0.9575	1.3892	1.2366	1.0500
	农村	1.0327	1.0249	1.0042	1.0985	1.0655	0.8927
武汉	城市	1.9155	2.8031	2.3368	1.9370	2.2672	1.8465
	农村	1.8215	1.5968	1.8014	2.2516	1.5244	1.7426
成都	城市	0.5992	0.6896	0.6239	0.7060	0.6553	0.6485
	农村	1.0354	0.9469	1.0624	1.1929	1.1552	1.2127
兰州	城市	0.4103	0.4434	0.5449	0.4579	0.5103	0.5482
	农村	1.3874	1.5475	1.2263	1.0618	0.8464	0.9252

1．饮水

调查人群饮水铅暴露水平大连和武汉城市高于农村，其他调查地区农村高于城市，女性总体高于男性。其中，城市调查人群饮水铅暴露水平武汉最高；农村调查人群女性 60 岁及以上太原最高，其他人群武汉最高（表 4-47）。

表 4-47　不同地区、城乡、性别和年龄调查人群饮水铅暴露水平

单位：×10^{-5}mg/（kg·d）

地区		男			女		
		18 岁～	45 岁～	60 岁～	18 岁～	45 岁～	60 岁～
太原	城市	0.5588	0.7386	0.7777	0.6978	0.7740	0.7501
	农村	1.7620	0.9951	1.5119	1.3899	1.0605	2.1592
大连	城市	0.8345	1.0797	0.6239	0.9678	1.1666	1.0235
	农村	0.5354	0.6140	0.6057	0.6308	0.6150	0.6906
上海	城市	0.9714	0.9742	0.9575	1.3892	1.2366	1.0500
	农村	1.0327	1.0249	1.0042	1.0985	1.0655	0.8927

地区		男			女		
		18 岁～	45 岁～	60 岁～	18 岁～	45 岁～	60 岁～
武汉	城市	1.9155	2.8031	2.3368	1.9370	2.2672	1.8465
	农村	1.8215	1.5968	1.8014	2.2516	1.5244	1.7426
成都	城市	0.5992	0.6896	0.6239	0.7060	0.6553	0.6485
	农村	1.0354	0.9469	1.0624	1.1929	1.1552	1.2127
兰州	城市	0.4103	0.4434	0.5449	0.4579	0.5103	0.5482
	农村	1.3874	1.5475	1.2263	1.0618	0.8464	0.9252

2. 用水

总体上，调查人群用水铅暴露水平太原和兰州农村高于城市，其他调查地区城市高于农村，女性高于男性，45～59 岁年龄段人群较低。其中，城市调查人群用水铅暴露水平武汉最高；农村调查人群女性 60 岁及以上太原最高，其他人群武汉最高（表 4-48）。

表 4-48　不同地区、城乡、性别和年龄调查人群用水铅暴露水平

单位：$\times 10^{-10}$mg/（kg·d）

地区		男			女		
		18 岁～	45 岁～	60 岁～	18 岁～	45 岁～	60 岁～
太原	城市	0.0247	0.0223	0.0313	0.0295	0.0277	0.0326
	农村	0.0334	0.0279	0.0456	0.0437	0.0255	0.0640
大连	城市	0.0312	0.0595	0.0393	0.0386	0.0429	0.0567
	农村	0.0200	0.0191	0.0213	0.0234	0.0192	0.0219
上海	城市	0.0248	0.0209	0.0242	0.0281	0.0260	0.0243
	农村	0.0182	0.0182	0.0234	0.0263	0.0202	0.0169
武汉	城市	0.0594	0.0686	0.0581	0.0633	0.0692	0.0629
	农村	0.0771	0.0579	0.0469	0.0840	0.0538	0.0538
成都	城市	0.0114	0.0116	0.0150	0.0108	0.0099	0.0121
	农村	0.0163	0.0112	0.0143	0.0157	0.0147	0.0147
兰州	城市	0.0071	0.0079	0.0059	0.0083	0.0082	0.0060
	农村	0.0100	0.0166	0.0081	0.0118	0.0112	0.0090

（三）土壤

总体上，调查人群土壤铅暴露水平农村高于城市，男性高于女性。其中，城市调查人群男性 18～44 岁土壤铅暴露水平兰州最高、45～59 岁上海最高、60 岁及以上武汉最高，女性 18～44 岁兰州最高、其他人群成都最高；农村调查人群男性土壤铅暴露水平成都最高，女性 60 岁及以上武汉最高、其他人群成都最高（表 4-49）。

表 4-49 不同地区、城乡、性别和年龄调查人群土壤铅暴露水平

单位：$\times 10^{-6}$mg/（kg·d）

地区		男			女		
		18 岁～	45 岁～	60 岁～	18 岁～	45 岁～	60 岁～
太原	城市	0.0052	0.4151	0.0044	0.0042	0.0041	0.0037
	农村	5.7448	7.0678	8.2864	5.5186	4.6981	4.7714
大连	城市	0.0042	0.0039	0.0033	0.0033	0.5955	1.1116
	农村	7.3308	7.1362	8.4084	6.3912	9.4449	9.9625
上海	城市	1.0626	1.1324	0.0041	0.6627	0.5339	0.7852
	农村	2.6058	6.0252	5.4946	2.0685	5.3748	8.9485
武汉	城市	0.3842	0.6334	2.5539	0.3004	0.6511	2.1822
	农村	11.3389	15.0951	21.2975	10.5908	20.9296	20.6767
成都	城市	1.5319	0.0083	0.0070	0.6959	2.6871	7.7752
	农村	30.7209	31.4423	25.1857	30.1327	41.2572	20.5906
兰州	城市	2.8050	0.5179	0.0050	1.1713	0.0044	1.4135
	农村	10.7435	13.3273	9.9303	11.0750	14.1947	8.2806

1. 经呼吸道

调查人群土壤铅经呼吸道暴露水平武汉和成都农村高于城市，其他调查地区城市高于农村，男性高于女性，18～44 岁年龄段人群最高。调查人群土壤铅经呼吸道暴露水平成都最高（表 4-50）。

表 4-50   不同地区、城乡、性别和年龄调查人群土壤铅经呼吸道暴露水平

单位：×10⁻⁶mg/（kg·d）

地区		男			女		
		18 岁～	45 岁～	60 岁～	18 岁～	45 岁～	60 岁～
太原	城市	0.0052	0.0049	0.0044	0.0042	0.0041	0.0037
	农村	0.0043	0.0041	0.0036	0.0033	0.0032	0.0031
大连	城市	0.0042	0.0039	0.0033	0.0033	0.0031	0.0028
	农村	0.0028	0.0026	0.0023	0.0022	0.0020	0.0018
上海	城市	0.0052	0.0049	0.0041	0.0043	0.0039	0.0036
	农村	0.0039	0.0037	0.0031	0.0031	0.0029	0.0027
武汉	城市	0.0056	0.0052	0.0045	0.0045	0.0042	0.0039
	农村	0.0066	0.0064	0.0055	0.0052	0.0050	0.0046
成都	城市	0.0086	0.0083	0.0070	0.0072	0.0066	0.0059
	农村	0.0104	0.0099	0.0085	0.0086	0.0081	0.0076
兰州	城市	0.0059	0.0056	0.0050	0.0048	0.0044	0.0042
	农村	0.0036	0.0034	0.0030	0.0029	0.0027	0.0026

2. 经消化道

调查人群土壤铅经消化道暴露水平农村高于城市，男性总体高于女性。其中，城市调查人群男性 18～44 岁土壤铅经消化道暴露水平兰州最高、45～59 岁上海最高、60 岁及以上武汉最高，女性 18～44 岁兰州最高、其他年龄段成都最高；农村调查人群男性土壤铅经消化道暴露水平成都最高，女性 60 岁及以上人群武汉最高、其他年龄段成都最高（表 4-51）。

3. 经皮肤

调查人群土壤铅经皮肤暴露水平农村高于城市，男性高于女性。其中，城市调查人群男性 60 岁及以上土壤铅经皮肤暴露水平武汉最高、其他年龄段兰州最高，女性 18～44 岁兰州最高、其他年龄段成都最高；农村调查人群土壤铅经皮肤暴露水平成都最高（表 4-52）。

表 4-51　不同地区、城乡、性别和年龄调查人群土壤铅经消化道暴露水平

单位：×10^{-6}mg/（kg·d）

地区		男			女		
		18 岁～	45 岁～	60 岁～	18 岁～	45 岁～	60 岁～
太原	城市	—	0.3982	—	—	—	—
	农村	5.2226	6.5414	7.6732	5.1612	4.3830	4.5360
大连	城市	—	—	—	—	0.5844	1.0956
	农村	6.7802	6.5884	7.8253	5.9667	8.7638	9.3671
上海	城市	1.0504	1.1147	—	0.6517	0.5268	0.7803
	农村	2.5634	5.9771	5.4363	2.0546	5.3314	8.8958
武汉	城市	0.3733	0.6275	2.5312	0.2909	0.6456	2.1668
	农村	10.9320	14.6336	20.6032	10.3161	20.3843	20.2114
成都	城市	1.5035	—	—	0.6835	2.6699	7.6980
	农村	28.3616	29.2679	23.6378	28.1190	38.5443	19.6873
兰州	城市	2.5974	0.4751	—	1.1512	—	1.3991
	农村	9.8644	12.2617	9.1790	10.3753	13.1387	7.6962

注："—"为无土壤接触行为的人。

表 4-52　不同地区、城乡、性别和年龄调查人群土壤铅经皮肤暴露水平

单位：×10^{-6}mg/（kg·d）

地区		男			女		
		18 岁～	45 岁～	60 岁～	18 岁～	45 岁～	60 岁～
太原	城市	—	0.0120	—	—	—	—
	农村	0.5179	0.5223	0.6096	0.3541	0.3119	0.2323
大连	城市	—	—	—	—	0.0081	0.0132
	农村	0.5478	0.5452	0.5808	0.4223	0.6791	0.5935
上海	城市	0.0070	0.0129	—	0.0067	0.0032	0.0013
	农村	0.0385	0.0444	0.0552	0.0108	0.0404	0.0500
武汉	城市	0.0053	0.0007	0.0183	0.0051	0.0014	0.0116
	农村	0.4003	0.4551	0.6888	0.2695	0.5403	0.4606
成都	城市	0.0198	—	—	0.0051	0.0106	0.0713
	农村	2.3489	2.1645	1.5394	2.0051	2.7048	0.8957
兰州	城市	0.2018	0.0372	—	0.0152	—	0.0102
	农村	0.8755	1.0621	0.7483	0.6969	1.0534	0.5818

注："—"为无土壤接触行为的人。

（四）膳食

调查人群膳食铅暴露水平大连和成都农村高于城市，其他调查地区城市高于农村，女性总体高于男性。调查人群膳食铅暴露水平成都最高（表4-53）。

表4-53　不同地区、城乡、性别和年龄调查人群膳食铅暴露水平

单位：$\times 10^{-3}$mg/（kg·d）

地区		男			女		
		18岁～	45岁～	60岁～	18岁～	45岁～	60岁～
太原	城市	0.1130	0.1201	0.1140	0.1375	0.1486	0.1279
	农村	0.0914	0.0981	0.0947	0.1012	0.1005	0.1087
大连	城市	0.5540	0.5626	0.5647	0.6453	0.6351	0.5508
	农村	0.6150	0.6463	0.7787	0.7044	0.6960	0.6397
上海	城市	0.6421	0.6294	0.6176	0.8039	0.7380	0.7067
	农村	0.4857	0.4917	0.5034	0.5582	0.5635	0.5376
武汉	城市	0.6560	0.6066	0.6033	0.6181	0.6271	0.6685
	农村	0.4629	0.5778	0.5062	0.5242	0.5283	0.5570
成都	城市	1.9517	2.1035	2.0294	2.4682	2.6443	2.2424
	农村	3.1041	3.4026	3.1616	3.9779	3.5177	3.4472
兰州	城市	0.3118	0.3391	0.3258	0.4207	0.3597	0.3759
	农村	0.2312	0.2307	0.2536	0.2597	0.3006	0.2582

五、铬

调查人群铬环境总暴露水平太原、大连和兰州农村总体高于城市，上海、武汉和成都城市高于农村，女性高于男性。调查人群铬环境总暴露水平兰州最高（表4-54）。

表 4-54 不同地区、城乡、性别和年龄调查人群铬环境总暴露水平

单位：×10^{-3}mg/（kg·d）

地区		男			女		
		18 岁～	45 岁～	60 岁～	18 岁～	45 岁～	60 岁～
太原	城市	0.2849	0.3199	0.2824	0.3456	0.3489	0.3150
	农村	0.3208	0.3396	0.3316	0.3467	0.3485	0.3521
大连	城市	4.3051	4.3875	4.3991	4.7268	4.9693	4.6785
	农村	5.0021	5.3484	4.8840	5.7960	5.9188	5.2715
上海	城市	1.8258	1.7978	1.7205	2.2307	2.0577	2.0126
	农村	1.1226	1.2829	1.2263	1.2693	1.2869	1.3624
武汉	城市	2.5289	2.6864	2.5954	2.6798	3.0642	2.8301
	农村	1.9242	2.1389	2.1486	2.2952	2.2263	2.3824
成都	城市	4.8122	5.2286	5.0440	6.1259	6.3550	5.6006
	农村	4.7160	5.3213	4.6563	6.0459	5.3170	5.2662
兰州	城市	6.6479	7.4110	7.0232	8.4987	7.8467	8.1937
	农村	6.9915	7.0991	7.5636	8.1510	8.0036	7.8639

（一）空气

调查人群空气铬暴露水平太原、大连和上海农村高于城市，武汉、成都和兰州城市高于农村，男性高于女性，18～44 岁人群较高。其中，城市调查人群男性 18～44 岁空气铬暴露水平大连最高、其他年龄段上海最高，女性大连最高；农村调查人群空气铬暴露水平大连最高（表 4-55）。

表 4-55 不同地区、城乡、性别和年龄调查人群空气铬暴露水平

单位：×10^{-7}mg/（kg·d）

地区		男			女		
		18 岁～	45 岁～	60 岁～	18 岁～	45 岁～	60 岁～
太原	城市	1.0362	1.0106	0.6564	0.8591	0.7880	0.5499
	农村	2.7822	2.8050	2.3576	1.7695	2.0279	1.9218
大连	城市	16.2269	13.2495	11.7755	11.9930	11.4272	12.5105
	农村	18.1232	17.1169	15.5640	14.8932	13.8670	12.5708
上海	城市	14.2464	14.9405	11.9623	11.5912	11.4130	10.3825
	农村	16.1269	15.5405	12.9926	12.9842	12.1282	11.3052

地区		男			女		
		18 岁～	45 岁～	60 岁～	18 岁～	45 岁～	60 岁～
武汉	城市	13.7272	12.8956	11.2383	11.6589	10.8074	9.3338
	农村	7.6294	6.5856	5.9057	6.1771	5.2964	5.1419
成都	城市	9.7626	10.4676	7.1674	9.1303	8.9445	8.0261
	农村	7.9170	7.8283	6.5660	6.5480	5.9888	5.7909
兰州	城市	1.2210	1.2034	0.9238	1.0120	0.9594	0.8137
	农村	0.8016	0.8105	0.6789	0.7090	0.6506	0.5546

1. 室内空气

调查人群室内空气铬暴露水平大连、上海农村高于城市，其他调查地区城市高于农村，男性高于女性，18～44 岁人群总体最高。其中，城市调查人群男性 45～59 岁室内空气铬暴露水平上海最高、其他年龄段大连最高，女性大连最高；农村调查人群室内空气铬暴露水平大连最高（表 4-56）。

表 4-56　不同地区、城乡、性别和年龄调查人群室内空气铬暴露水平

单位：$\times 10^{-7}$mg/（kg·d）

地区		男			女		
		18 岁～	45 岁～	60 岁～	18 岁～	45 岁～	60 岁～
太原	城市	0.1311	0.1211	0.1083	0.1118	0.1039	0.0938
	农村	0.1083	0.0977	0.0894	0.0850	0.0807	0.0747
大连	城市	16.0249	13.0474	11.5243	11.8028	11.2356	12.4081
	农村	17.8169	16.8582	15.3523	14.6733	13.6817	12.4154
上海	城市	12.5982	13.4559	10.7237	10.2873	10.1968	9.3214
	农村	14.4055	13.8450	11.7077	11.5637	10.8276	10.1711
武汉	城市	13.1560	12.3427	10.8163	11.1982	10.4779	8.9809
	农村	6.8802	5.8998	5.3731	5.6768	4.7384	4.6954
成都	城市	8.0880	8.9914	6.3007	7.7727	7.7551	7.1634
	农村	5.5862	5.5295	4.8287	4.6414	4.2092	4.1651
兰州	城市	0.7831	0.7921	0.5470	0.6394	0.6450	0.5278
	农村	0.4632	0.5225	0.4331	0.4668	0.3999	0.3744

2. 室外空气

调查人群室外空气铬暴露水平兰州城市高于农村,其他调查地区农村高于城市,男性高于女性,60 岁及以上年龄段人群较低。其中,城市调查人群室外空气铬暴露水平成都最高;农村调查人群男性室外空气铬暴露水平太原最高,女性 18~44 岁成都最高、其他年龄段太原最高(表 4-57)。

表 4-57 不同地区、城乡、性别和年龄调查人群室外空气铬暴露水平

单位:×10^{-7}mg/(kg·d)

地区		男			女		
		18 岁~	45 岁~	60 岁~	18 岁~	45 岁~	60 岁~
太原	城市	0.5364	0.5818	0.3339	0.4606	0.4062	0.2923
	农村	2.6401	2.6757	2.2447	1.6652	1.9274	1.8288
大连	城市	0.1705	0.1724	0.2249	0.1648	0.1679	0.0837
	农村	0.2546	0.2294	0.1827	0.1837	0.1578	0.1319
上海	城市	0.9865	0.9081	0.7435	0.7707	0.7388	0.6030
	农村	1.3330	1.0788	0.8977	1.0594	0.9444	0.8563
武汉	城市	0.4275	0.4361	0.3430	0.3568	0.2338	0.2679
	农村	0.5662	0.5011	0.3840	0.3788	0.4306	0.3367
成都	城市	1.4111	1.3286	0.8021	1.1619	1.0232	0.7732
	农村	2.0720	2.0557	1.5182	1.7409	1.6364	1.4474
兰州	城市	0.3161	0.2930	0.2998	0.2639	0.2328	0.2222
	农村	0.2379	0.2132	0.1817	0.1755	0.1847	0.1285

3. 交通空气

调查人群交通空气铬暴露水平大连和武汉农村高于城市、其他调查地区城市高于农村,男性高于女性,18~44 岁年龄段人群较高。调查人群交通空气铬暴露水平上海最高(表 4-58)。

表 4-58 不同地区、城乡、性别和年龄调查人群交通空气铬暴露水平

单位:×10^{-7}mg/(kg·d)

地区		男			女		
		18 岁~	45 岁~	60 岁~	18 岁~	45 岁~	60 岁~
太原	城市	0.3687	0.3077	0.2142	0.2868	0.2779	0.1638
	农村	0.0338	0.0316	0.0235	0.0193	0.0197	0.0182

地区		男			女		
		18岁~	45岁~	60岁~	18岁~	45岁~	60岁~
大连	城市	0.0315	0.0297	0.0264	0.0254	0.0237	0.0187
	农村	0.0516	0.0293	0.0290	0.0362	0.0275	0.0234
上海	城市	0.6617	0.5765	0.4952	0.5332	0.4774	0.4581
	农村	0.3883	0.6168	0.3872	0.3610	0.3562	0.2778
武汉	城市	0.1436	0.1168	0.0790	0.1039	0.0957	0.0850
	农村	0.1830	0.1847	0.1487	0.1215	0.1275	0.1098
成都	城市	0.2635	0.1476	0.0646	0.1957	0.1662	0.0895
	农村	0.2589	0.2431	0.2191	0.1657	0.1432	0.1785
兰州	城市	0.1218	0.1183	0.0771	0.1086	0.0816	0.0636
	农村	0.1005	0.0748	0.0641	0.0667	0.0659	0.0517

（二）饮用水

调查人群饮用水铬暴露水平武汉城市高于农村，其他调查地区总体农村高于城市。调查人群饮用水铬暴露水平武汉最高（表 4-59）。

表 4-59　不同地区、城乡、性别和年龄调查人群饮用水铬暴露水平

单位：×10^{-5}mg/（kg·d）

地区		男			女		
		18岁~	45岁~	60岁~	18岁~	45岁~	60岁~
太原	城市	3.2058	4.1898	3.0268	4.4459	3.9971	3.1584
	农村	7.4123	7.2501	6.9800	7.1791	7.5143	6.8061
大连	城市	1.0707	1.0841	0.6820	1.1207	1.1215	0.9073
	农村	2.0436	2.3828	2.1694	2.3528	2.1320	2.2299
上海	城市	0.5524	0.6114	0.5860	0.6961	0.7241	0.6643
	农村	0.6789	0.6797	0.6711	0.7212	0.7065	0.5978
武汉	城市	20.0106	27.3330	24.9751	18.0433	23.7363	20.3743
	农村	15.9874	19.4136	21.4724	18.1462	19.8282	19.9245
成都	城市	0.7783	0.8426	0.7990	0.8814	0.8495	0.8258
	农村	8.6518	9.8203	9.1160	11.7730	9.8775	10.0122
兰州	城市	1.7438	1.9912	2.3964	1.9540	2.2624	2.3097
	农村	2.1610	2.6266	1.9721	1.8880	1.4277	1.5619

1. 饮水

调查人群饮水铬暴露水平武汉城市高于农村，其他调查地区总体农村高于城市，男性高于女性。调查人群饮水铬暴露水平武汉最高（表4-60）。

表4-60 不同地区、城乡、性别和年龄调查人群饮水铬暴露水平

单位：$\times 10^{-5}$mg/（kg·d）

地区		男			女		
		18岁～	45岁～	60岁～	18岁～	45岁～	60岁～
太原	城市	3.2051	4.1891	3.0262	4.4451	3.9964	3.1577
	农村	7.4116	7.2492	6.9791	7.1781	7.5135	6.8051
大连	城市	1.0705	1.0838	0.6818	1.1205	1.1213	0.9071
	农村	2.0432	2.3824	2.1690	2.3523	2.1317	2.2296
上海	城市	0.5523	0.6113	0.5859	0.6960	0.7240	0.6642
	农村	0.6789	0.6796	0.6710	0.7212	0.7065	0.5978
武汉	城市	20.0079	27.3296	24.9722	18.0403	23.7328	20.3710
	农村	15.9840	19.4099	21.4697	18.1428	19.8250	19.9215
成都	城市	0.7783	0.8425	0.7989	0.8813	0.8494	0.8257
	农村	8.6509	9.8196	9.1152	11.7719	9.8769	10.0113
兰州	城市	1.7437	1.9911	2.3963	1.9538	2.2622	2.3096
	农村	2.1608	2.6265	1.9719	1.8878	1.4275	1.5617

2. 用水

总体上，调查人群用水铬暴露水平上海和兰州城市高于农村，其他调查地区农村高于城市，女性高于男性。调查人群用水铬暴露水平武汉最高（表4-61）。

表4-61 不同地区、城乡、性别和年龄调查人群用水铬暴露水平

单位：$\times 10^{-8}$mg/（kg·d）

地区		男			女		
		18岁～	45岁～	60岁～	18岁～	45岁～	60岁～
太原	城市	0.6838	0.6827	0.5631	0.7939	0.6559	0.6428
	农村	0.7963	0.9143	0.8891	0.9623	0.7732	0.9771

地区		男			女		
		18 岁～	45 岁～	60 岁～	18 岁～	45 岁～	60 岁～
大连	城市	0.1892	0.2849	0.2029	0.2120	0.2007	0.2189
	农村	0.3730	0.3709	0.3758	0.4370	0.3251	0.3476
上海	城市	0.0659	0.0683	0.0814	0.0685	0.0764	0.0821
	农村	0.0597	0.0596	0.0785	0.0878	0.0666	0.0563
武汉	城市	2.6718	3.3312	2.9647	2.9729	3.5803	3.3292
	农村	3.3939	3.6787	2.7505	3.3419	3.2284	2.9836
成都	城市	0.0603	0.0613	0.0860	0.0628	0.0676	0.0670
	农村	0.8587	0.6496	0.8160	1.1033	0.5703	0.8424
兰州	城市	0.1488	0.1658	0.1291	0.1702	0.1692	0.1278
	农村	0.1400	0.1672	0.1178	0.1791	0.1680	0.1199

（三）土壤

总体上，调查人群土壤铬暴露水平农村高于城市，男性高于女性，其中，城市调查人群男性 18～44 岁土壤铬暴露水平兰州最高、45～59 岁上海最高、60 岁及以上武汉最高，女性 18～44 岁兰州最高、其他年龄段人群成都最高；农村调查人群男性 60 岁及以上土壤铬暴露水平武汉最高、其他年龄段兰州最高，女性 18～44 岁兰州最高、其他年龄段武汉最高（表 4-62）。

1. 经呼吸道

调查人群土壤铬经呼吸道暴露水平武汉农村高于城市，其他调查地区城市高于农村，男性高于女性，18～44 岁人群最高。其中，城市调查人群土壤铬经呼吸道暴露水平上海最高；农村调查人群土壤铬经呼吸道暴露水平武汉最高（表 4-63）。

表 4-62　不同地区、城乡、性别和年龄调查人群土壤铬暴露水平

单位：$\times 10^{-5}$mg/（kg·d）

地区		男			女		
		18 岁～	45 岁～	60 岁～	18 岁～	45 岁～	60 岁～
太原	城市	0.0013	0.1066	0.0011	0.0011	0.0010	0.0010
	农村	1.7764	2.1855	2.5624	1.7065	1.4528	1.4755

地区		男			女		
		18 岁～	45 岁～	60 岁～	18 岁～	45 岁～	60 岁～
大连	城市	0.0006	0.0006	0.0005	0.0005	0.0882	0.1646
	农村	1.6189	1.5759	1.8568	1.4114	2.0857	2.2000
上海	城市	0.3367	0.3589	0.0013	0.2100	0.1692	0.2488
	农村	1.0907	2.5220	2.2999	0.8658	2.2497	3.7456
武汉	城市	0.0789	0.1301	0.5246	0.0617	0.1337	0.4482
	农村	2.8677	3.8177	5.3864	2.6785	5.2933	5.2294
成都	城市	0.2454	0.0013	0.0011	0.1115	0.4305	1.2457
	农村	3.5794	3.6635	2.9345	3.5109	4.8071	2.3991
兰州	城市	0.6073	0.1121	0.0011	0.2536	0.0010	0.3061
	农村	3.8011	4.7153	3.5134	3.9184	5.0222	2.9297

表 4-63　不同地区、城乡、性别和年龄调查人群土壤铬经呼吸道暴露水平

单位：×10⁻⁸mg/（kg·d）

地区		男			女		
		18 岁～	45 岁～	60 岁～	18 岁～	45 岁～	60 岁～
太原	城市	1.3371	1.2605	1.1322	1.0852	1.0489	0.9504
	农村	1.3364	1.2659	1.1131	1.0262	0.9875	0.9548
大连	城市	0.6204	0.5738	0.4932	0.4829	0.4547	0.4091
	农村	0.6107	0.5783	0.5029	0.4922	0.4472	0.4082
上海	城市	1.6607	1.5398	1.3083	1.3762	1.2302	1.1360
	农村	1.6368	1.5541	1.3071	1.2974	1.2170	1.1167
武汉	城市	1.1597	1.0690	0.9270	0.9164	0.8593	0.7946
	农村	1.6575	1.6154	1.3945	1.3197	1.2617	1.1733
成都	城市	1.3736	1.3320	1.1159	1.1604	1.0584	0.9446
	农村	1.2075	1.1494	0.9909	0.9996	0.9382	0.8827
兰州	城市	1.2688	1.2193	1.0867	1.0398	0.9567	0.9122
	农村	1.2564	1.1939	1.0717	1.0191	0.9438	0.9127

2．经消化道

调查人群土壤铬经消化道暴露水平总体上农村高于城市，男性高于女性，其中，城市调查人群男性 18～44 岁土壤铬经消化道暴露水平兰州最高、45～59 岁上海最高、60 岁及以上武汉最高，女性 18～44 岁兰州最高、其他年龄段成都最高；农村调查人群男性 60 岁及以上土壤铬经消化道暴露水平武汉最高、其他年龄段兰州最高，女性 18～44 岁兰州最高、其他年龄段武汉最高（表 4-64）。

表 4-64　不同地区、城乡、性别和年龄调查人群土壤铬经消化道暴露水平

单位：×10⁻⁵mg/（kg·d）

地区		男			女		
		18 岁～	45 岁～	60 岁～	18 岁～	45 岁～	60 岁～
太原	城市	—	0.1022	—	—	—	—
	农村	1.6150	2.0228	2.3728	1.5960	1.3554	1.4027
大连	城市	—	—	—	0.0866	0.1623	
	农村	1.4973	1.4549	1.7281	1.3176	1.9353	2.0686
上海	城市	0.3329	0.3532	—	0.2065	0.1669	0.2473
	农村	1.0730	2.5019	2.2755	0.8600	2.2316	3.7236
武汉	城市	0.0767	0.1289	0.5199	0.0597	0.1326	0.4450
	农村	2.7648	3.7010	5.2108	2.6091	5.1554	5.1117
成都	城市	0.2409	—	—	0.1095	0.4278	1.2333
	农村	3.3046	3.4102	2.7542	3.2763	4.4910	2.2939
兰州	城市	0.5624	0.1029	—	0.2493	—	0.3029
	农村	3.4901	4.3383	3.2476	3.6709	4.6486	2.7230

注："—"为无土壤接触行为的人。

3．经皮肤

调查人群土壤铬经皮肤暴露水平农村总体高于城市，男性高于女性。其中，城市调查人群男性 60 岁及以上土壤铬经皮肤暴露水平武汉最高、其他年龄段兰州最高，女性 18～44 岁兰州最高、其他年龄段成都最高；农村调查人群土壤铬经皮肤暴露水平兰州最高（表 4-65）。

表 4-65 不同地区、城乡、性别和年龄调查人群土壤铬经皮肤暴露水平

单位：$\times 10^{-5}$mg/（kg·d）

地区		男			女		
		18 岁～	45 岁～	60 岁～	18 岁～	45 岁～	60 岁～
太原	城市	—	0.0031	—	—	—	—
	农村	0.1601	0.1615	0.1885	0.1095	0.0964	0.0718
大连	城市	—	—	—	—	0.0012	0.0020
	农村	0.1210	0.1204	0.1283	0.0932	0.1500	0.1311
上海	城市	0.0022	0.0041	—	0.0021	0.0010	0.0004
	农村	0.0161	0.0186	0.0231	0.0045	0.0169	0.0209
武汉	城市	0.0011	0.0001	0.0038	0.0010	0.0003	0.0024
	农村	0.1012	0.1151	0.1742	0.0682	0.1366	0.1165
成都	城市	0.0032	—	—	0.0008	0.0017	0.0114
	农村	0.2737	0.2522	0.1794	0.2336	0.3152	0.1044
兰州	城市	0.0437	0.0081	—	0.0033	—	0.0022
	农村	0.3098	0.3758	0.2648	0.2466	0.3727	0.2058

注："—"为无土壤接触行为的人。

（四）膳食

总体上，调查人群膳食铬暴露水平大连和兰州农村高于城市、其他调查地区城市高于农村，女性高于男性。调查人群膳食铬暴露水平兰州最高（表 4-66）。

表 4-66 不同地区、城乡、性别和年龄调查人群膳食铬暴露水平

单位：$\times 10^{-3}$mg/（kg·d）

地区		男			女		
		18 岁～	45 岁～	60 岁～	18 岁～	45 岁～	60 岁～
太原	城市	0.2527	0.2769	0.2520	0.3011	0.3088	0.2833
	农村	0.2287	0.2449	0.2360	0.2576	0.2586	0.2690

地区		男			女		
		18 岁～	45 岁～	60 岁～	18 岁～	45 岁～	60 岁～
大连	城市	4.2927	4.3753	4.3911	4.7144	4.9561	4.6665
	农村	4.9636	5.3071	4.8422	5.7568	5.8752	5.2259
上海	城市	1.8155	1.7866	1.7135	2.2205	2.0476	2.0024
	农村	1.1033	1.2494	1.1953	1.2521	1.2562	1.3179
武汉	城市	2.3267	2.4105	2.3393	2.4976	2.8245	2.6209
	农村	1.7349	1.9059	1.8794	2.0863	1.9745	2.1304
成都	城市	4.8010	5.2191	5.0353	6.1150	6.3413	5.5791
	农村	4.5929	5.1857	4.5352	5.8924	5.1695	5.1415
兰州	城市	6.6243	7.3898	6.9992	8.4765	7.8240	8.1674
	农村	6.9318	7.0256	7.5087	8.0929	7.9391	7.8189

第五章 暴露介质贡献比

调查地区 5 种金属各环境暴露介质贡献比膳食最高，其次为饮用水和土壤，空气最低，见表 5-1。

表 5-1 调查地区 5 种金属各环境暴露介质贡献比

单位：%

金属	地区	城市					农村				
		小计	空气	饮用水	土壤	膳食	小计	空气	饮用水	土壤	膳食
汞	合计	100	0.0060	7.1809	0.0116	92.8015	100	0.0044	5.0218	0.1254	94.8483
	太原	100	0.0033	4.9952	0.0036	94.9978	100	0.0022	5.5675	0.1221	94.3082
	大连	100	0.0037	0.3689	0.0003	99.6271	100	0.0042	0.4596	0.0094	99.5268
	上海	100	0.0100	3.0443	0.0034	96.9423	100	0.0052	1.3284	0.0352	98.6312
	武汉	100	0.0081	15.7059	0.0141	84.2719	100	0.0023	6.9602	0.1201	92.9173
	成都	100	0.0093	1.4800	0.0018	98.5090	100	0.0096	0.9743	0.0617	98.9544
	兰州	100	0.0021	15.4172	0.0430	84.5376	100	0.0032	14.2199	0.3814	85.3955
镉	合计	100	0.0341	1.8704	0.0133	98.0822	100	0.0345	2.8340	0.2683	96.8632
	太原	100	0.0119	0.9214	0.0006	99.0661	100	0.0145	1.0652	0.0833	98.8371
	大连	100	0.0709	0.5147	0.0038	99.4106	100	0.0298	0.4087	0.0657	99.4958
	上海	100	0.0027	1.2584	0.0023	98.7366	100	0.0031	0.4657	0.0137	99.5175
	武汉	100	0.0147	1.8964	0.0072	98.0817	100	0.0150	0.8572	0.0756	99.0522
	成都	100	0.0143	0.7218	0.0119	99.2521	100	0.0065	1.9409	0.1540	97.8986
	兰州	100	0.0925	5.5840	0.0516	94.2719	100	0.1259	11.3541	1.1230	87.3970

| 金属 | 地区 | 城市 | | | | | 农村 | | | | |
		小计	空气	饮用水	土壤	膳食	小计	空气	饮用水	土壤	膳食
砷	合计	100	0.3147	10.2193	0.1622	89.3039	100	0.2060	7.3686	6.1959	86.2295
	太原	100	0.0085	11.7819	0.0238	88.1858	100	0.0185	10.5177	4.2108	85.2531
	大连	100	0.0109	0.3814	0.0069	99.6007	100	0.0110	0.2758	0.2081	99.5050
	上海	100	0.0669	1.7323	0.1210	98.0798	100	0.0769	1.2177	1.4073	97.2981
	武汉	100	0.0289	12.7065	0.1839	87.0807	100	0.0662	8.2866	10.6339	81.0133
	成都	100	0.0190	0.6793	0.0725	99.2291	100	0.0089	2.0053	3.4184	94.5673
	兰州	100	1.6740	30.6890	0.5337	67.1033	100	0.9755	20.5844	17.2055	61.2346
铅	合计	100	0.1419	2.4553	0.1294	97.2734	100	0.1644	3.6496	2.7636	93.4224
	太原	100	0.4362	5.6179	0.0390	93.9069	100	0.5551	9.9198	4.6445	84.8806
	大连	100	0.0386	1.7180	0.0502	98.1932	100	0.0570	1.0461	1.3523	97.5446
	上海	100	0.0221	1.6147	0.1051	98.2582	100	0.0302	2.0072	0.8895	97.0731
	武汉	100	0.1167	3.4621	0.1673	96.2539	100	0.1565	3.5035	3.6080	92.7320
	成都	100	0.0276	0.3143	0.0783	99.5798	100	0.0171	0.3451	0.9319	98.7058
	兰州	100	0.1611	1.5430	0.3200	97.9758	100	0.1371	4.4529	4.8807	90.5293
铬	合计	100	0.0317	3.7601	0.0572	96.1511	100	0.0441	5.7260	1.7668	92.4631
	太原	100	0.0266	11.5932	0.0408	88.3395	100	0.0683	21.4079	5.1512	73.3727
	大连	100	0.0312	0.2377	0.0158	99.7152	100	0.0316	0.4524	0.3549	99.1611
	上海	100	0.0702	0.3531	0.1209	99.4557	100	0.1208	0.5953	1.6007	97.6831
	武汉	100	0.0469	8.3134	0.0851	91.5546	100	0.0304	9.6428	2.2100	88.1168
	成都	100	0.0183	0.1574	0.0509	99.7734	100	0.0150	1.8790	0.7001	97.4059
	兰州	100	0.0015	0.2927	0.0310	99.6749	100	0.0010	0.2636	0.5430	99.1924

一、汞

　　汞环境暴露介质贡献比膳食最高，其次为饮用水和土壤，空气最低。膳食汞暴露贡献比大连最高，土壤汞暴露贡献比兰州最高，空气汞暴露贡献比城市上海最高、农村成都最高，饮用水汞暴露贡献比城市武汉最高、农村兰州最高（表5-2）。

表 5-2 不同地区、城乡、性别和年龄汞各环境暴露介质贡献比

单位：%

地区		合计	空气				饮用水			土壤				膳食
			小计	室内	室外	交通	小计	饮水	用水	小计	经呼吸道	经消化道	经皮肤	
太原	城市	100	0.0033	0.0025	0.0007	0.0001	4.9952	4.9948	0.0005	0.0036	0.0003	0.0032	0.0001	94.9978
	农村	100	0.0022	0.0018	0.0003	0.0000	5.5675	5.5671	0.0004	0.1221	0.0001	0.1134	0.0086	94.3082
大连	城市	100	0.0037	0.0036	0.0001	0.0000	0.3689	0.3689	0.0000	0.0003	0.0000	0.0003	0.0000	99.6271
	农村	100	0.0042	0.0039	0.0002	0.0000	0.4596	0.4596	0.0000	0.0094	0.0000	0.0088	0.0007	99.5268
上海	城市	100	0.0100	0.0096	0.0002	0.0003	3.0443	3.0441	0.0002	0.0034	0.0000	0.0034	0.0000	96.9423
	农村	100	0.0052	0.0048	0.0002	0.0001	1.3284	1.3283	0.0001	0.0352	0.0000	0.0349	0.0003	98.6312
武汉	城市	100	0.0081	0.0075	0.0004	0.0001	15.7059	15.7046	0.0013	0.0141	0.0001	0.0140	0.0001	84.2719
	农村	100	0.0023	0.0019	0.0004	0.0001	6.9602	6.9596	0.0007	0.1201	0.0000	0.1168	0.0033	92.9173
成都	城市	100	0.0093	0.0073	0.0016	0.0004	1.4800	1.4799	0.0001	0.0018	0.0000	0.0018	0.0000	98.5090
	农村	100	0.0096	0.0073	0.0019	0.0004	0.9743	0.9743	0.0000	0.0617	0.0000	0.0576	0.0041	98.9544
兰州	城市	100	0.0021	0.0017	0.0003	0.0001	15.4172	15.4167	0.0005	0.0430	0.0002	0.0407	0.0021	84.5376
	农村	100	0.0032	0.0024	0.0007	0.0002	14.2199	14.2196	0.0004	0.3814	0.0001	0.3529	0.0284	85.3955

（一）空气

空气汞暴露以室内空气为主，占空气汞暴露的 75% 以上，其次为室外空气（表 5-2）。调查人群空气汞暴露贡献比男性高于女性，60 岁及以上年龄段人群最低。其

中，城市调查人群女性 60 岁及以上空气汞暴露贡献比成都最高，其他人群上海最高；农村调查人群空气汞暴露贡献比成都最高（表 5-3）。

表 5-3　不同地区、城乡、性别和年龄空气汞暴露贡献比

单位：%

地区		男			女		
		18 岁～	45 岁～	60 岁～	18 岁～	45 岁～	60 岁～
太原	城市	0.0045	0.0038	0.0032	0.0030	0.0028	0.0025
	农村	0.0030	0.0025	0.0024	0.0020	0.0018	0.0017
大连	城市	0.0050	0.0037	0.0033	0.0032	0.0028	0.0030
	农村	0.0052	0.0046	0.0041	0.0037	0.0035	0.0033
上海	城市	0.0134	0.0119	0.0088	0.0092	0.0068	0.0066
	农村	0.0068	0.0062	0.0047	0.0046	0.0045	0.0034
武汉	城市	0.0123	0.0072	0.0072	0.0076	0.0085	0.0062
	农村	0.0022	0.0044	0.0018	0.0030	0.0020	0.0013
成都	城市	0.0118	0.0105	0.0086	0.0077	0.0070	0.0068
	农村	0.0125	0.0105	0.0098	0.0078	0.0084	0.0076
兰州	城市	0.0028	0.0025	0.0021	0.0018	0.0019	0.0016
	农村	0.0040	0.0037	0.0032	0.0031	0.0028	0.0026

1. 室内空气

调查人群室内空气汞暴露贡献比男性高于女性，60 岁及以上年龄段人群最低。其中，城市调查人群女性 45～59 岁室内空气汞暴露贡献比武汉最高，其他调查人群上海最高；农村调查人群室内空气汞暴露贡献比成都最高（表 5-4）。

表 5-4　不同地区、城乡、性别和年龄室内空气汞暴露贡献比

单位：‰

地区		男			女		
		18 岁～	45 岁～	60 岁～	18 岁～	45 岁～	60 岁～
太原	城市	0.3339	0.2697	0.2555	0.2264	0.2102	0.1962
	农村	0.2515	0.2059	0.2002	0.1723	0.1459	0.1433
大连	城市	0.4861	0.3612	0.3196	0.3160	0.2700	0.2994
	农村	0.4858	0.4292	0.3887	0.3479	0.3258	0.3133

地区		男			女		
		18 岁～	45 岁～	60 岁～	18 岁～	45 岁～	60 岁～
上海	城市	1.2820	1.1312	0.8371	0.8777	0.6391	0.6256
	农村	0.6407	0.5787	0.4352	0.4275	0.4151	0.3186
武汉	城市	1.1360	0.6573	0.6759	0.6990	0.7977	0.5845
	农村	0.1697	0.3600	0.1473	0.2639	0.1655	0.1079
成都	城市	0.9080	0.8352	0.7383	0.6001	0.5629	0.5632
	农村	0.9578	0.7706	0.7631	0.5946	0.6650	0.5889
兰州	城市	0.2224	0.2001	0.1698	0.1446	0.1518	0.1327
	农村	0.2850	0.2711	0.2389	0.2309	0.1991	0.2071

2. 室外空气

调查人群室外空气汞暴露贡献比男性高于女性，60 岁及以上年龄段人群最低。调查人群室外空气汞暴露贡献比成都最高（表 5-5）。

表 5-5　不同地区、城乡、性别和年龄室外空气汞暴露贡献比

单位：‰

地区		男			女		
		18 岁～	45 岁～	60 岁～	18 岁～	45 岁～	60 岁～
太原	城市	0.0922	0.0971	0.0567	0.0637	0.0572	0.0453
	农村	0.0437	0.0410	0.0366	0.0252	0.0296	0.0261
大连	城市	0.0091	0.0087	0.0113	0.0077	0.0070	0.0042
	农村	0.0317	0.0269	0.0201	0.0199	0.0192	0.0171
上海	城市	0.0273	0.0277	0.0204	0.0173	0.0171	0.0146
	农村	0.0277	0.0215	0.0184	0.0193	0.0185	0.0154
武汉	城市	0.0675	0.0458	0.0374	0.0464	0.0399	0.0267
	农村	0.0404	0.0664	0.0295	0.0361	0.0307	0.0205
成都	城市	0.2153	0.1850	0.1140	0.1349	0.1146	0.1030
	农村	0.2363	0.2294	0.1718	0.1589	0.1537	0.1392
兰州	城市	0.0404	0.0335	0.0351	0.0274	0.0273	0.0223
	农村	0.0917	0.0768	0.0629	0.0655	0.0660	0.0446

3．交通空气

调查人群交通空气汞暴露贡献比城市高于农村，男性高于女性，60 岁及以上年龄段人群最低。其中，城市 60 岁及以上男性调查人群交通空气汞暴露贡献比上海最高，其他调查人群交通空气汞暴露贡献比成都最高（表 5-6）。

表 5-6　不同地区、城乡、性别和年龄交通空气汞暴露贡献比

单位：‰

地区		男			女		
		18 岁～	45 岁～	60 岁～	18 岁～	45 岁～	60 岁～
太原	城市	0.0204	0.0162	0.0114	0.0129	0.0125	0.0080
	农村	0.0071	0.0061	0.0047	0.0036	0.0037	0.0032
大连	城市	0.0017	0.0016	0.0014	0.0012	0.0011	0.0010
	农村	0.0035	0.0018	0.0019	0.0021	0.0016	0.0015
上海	城市	0.0325	0.0310	0.0245	0.0211	0.0195	0.0198
	农村	0.0142	0.0212	0.0145	0.0112	0.0120	0.0089
武汉	城市	0.0236	0.0129	0.0095	0.0154	0.0159	0.0093
	农村	0.0058	0.0181	0.0048	0.0047	0.0042	0.0031
成都	城市	0.0553	0.0277	0.0123	0.0311	0.0258	0.0157
	农村	0.0537	0.0477	0.0449	0.0266	0.0256	0.0317
兰州	城市	0.0161	0.0152	0.0094	0.0114	0.0099	0.0071
	农村	0.0244	0.0172	0.0134	0.0143	0.0140	0.0108

（二）饮用水

饮用水汞暴露以饮水为主，占饮用水汞暴露的 99% 以上，其次为用水（表 5-2）。调查人群饮用水汞暴露贡献比太原和大连农村高于城市，其他地区城市高于农村；男性总体高于女性；60 岁及以上年龄段人群最低。城市调查人群饮用水汞暴露贡献比武汉最高；农村调查人群饮用水汞暴露贡献比兰州最高（表 5-7）。

表 5-7　不同地区、城乡、性别和年龄饮用水汞暴露贡献比

单位：%

地区		男			女		
		18 岁～	45 岁～	60 岁～	18 岁～	45 岁～	60 岁～
太原	城市	5.0377	5.9021	4.2035	5.6549	4.9788	4.0617
	农村	5.8221	5.8687	5.6363	5.4238	5.7387	4.9377
大连	城市	0.3845	0.4089	0.2624	0.3840	0.3744	0.3605
	农村	0.4391	0.4723	0.4884	0.4455	0.4506	0.4956
上海	城市	2.8751	3.2927	3.1564	2.9656	3.2780	3.2391
	农村	1.3823	1.3227	1.3495	1.2709	1.4032	1.0743
武汉	城市	20.8654	15.2631	15.3070	14.9544	19.3671	11.0285
	农村	4.8525	10.8891	6.6507	8.5069	6.2833	4.9555
成都	城市	1.5442	1.5291	1.5795	1.4404	1.3614	1.4230
	农村	1.0048	0.8490	1.0684	0.9239	1.0146	1.0619
兰州	城市	16.7626	15.3968	17.1085	14.0432	14.3189	14.4976
	农村	14.5214	18.9179	14.5295	12.0281	13.9420	11.2058

1. 饮水

调查人群饮水汞暴露贡献比太原和大连农村高于城市，其他地区均为城市高于农村；男性总体高于女性，60 岁及以上调查人群相对较低。其中，城市调查人群女性 45～60 岁饮水汞暴露贡献比武汉最高，其他调查人群兰州最高；农村调查人群饮水汞暴露贡献比兰州最高（表 5-8）。

表 5-8　不同地区、城乡、性别和年龄饮水汞暴露贡献比

单位：%

地区		男			女		
		18 岁～	45 岁～	60 岁～	18 岁～	45 岁～	60 岁～
太原	城市	5.0372	5.9016	4.2031	5.6544	4.9784	4.0613
	农村	5.8218	5.8683	5.6359	5.4235	5.7384	4.9374
大连	城市	0.3845	0.4088	0.2623	0.3840	0.3744	0.3604
	农村	0.4390	0.4723	0.4884	0.4455	0.4506	0.4955
上海	城市	2.8749	3.2925	3.1562	2.9654	3.2778	3.2389
	农村	1.3822	1.3226	1.3494	1.2708	1.4031	1.0742

地区		男			女		
		18 岁～	45 岁～	60 岁～	18 岁～	45 岁～	60 岁～
武汉	城市	20.8639	15.2620	15.3060	14.9528	19.3656	11.0275
	农村	4.8519	10.8875	6.6503	8.5062	6.2828	4.9551
成都	城市	1.5441	1.5290	1.5794	1.4403	1.3613	1.4229
	农村	1.0048	0.8490	1.0683	0.9239	1.0145	1.0619
兰州	城市	16.7619	15.3962	17.1081	14.0426	14.3183	14.4972
	农村	14.5211	18.9176	14.5293	12.0278	13.9414	11.2055

2．用水

调查人群用水汞暴露贡献比城市高于农村，60 岁及以上调查人群相对较低；农村调查人群女性 45～59 岁用水汞暴露贡献比兰州最高，其他调查人群武汉最高（表5-9）。

表 5-9　不同地区、城乡、性别和年龄用水汞暴露贡献比

单位：‰

地区		男			女		
		18 岁～	45 岁～	60 岁～	18 岁～	45 岁～	60 岁～
太原	城市	0.0495	0.0500	0.0407	0.0489	0.0392	0.0427
	农村	0.0345	0.0403	0.0369	0.0384	0.0300	0.0384
大连	城市	0.0035	0.0052	0.0038	0.0037	0.0033	0.0042
	农村	0.0038	0.0036	0.0040	0.0040	0.0032	0.0037
上海	城市	0.0169	0.0183	0.0213	0.0145	0.0171	0.0193
	农村	0.0061	0.0057	0.0077	0.0077	0.0060	0.0051
武汉	城市	0.1544	0.1109	0.1002	0.1574	0.1568	0.0996
	农村	0.0536	0.1534	0.0452	0.0717	0.0488	0.0412
成都	城市	0.0065	0.0057	0.0094	0.0052	0.0060	0.0062
	农村	0.0040	0.0028	0.0040	0.0031	0.0035	0.0034
兰州	城市	0.0634	0.0655	0.0463	0.0594	0.0577	0.0386
	农村	0.0328	0.0335	0.0243	0.0363	0.0634	0.0322

（三）土壤

土壤汞暴露以经消化道为主，占土壤汞暴露的 88.89% 以上，其次为经皮肤和经呼吸道（表 5-2）。调查人群土壤汞暴露贡献比农村高于城市；男性总体高于女性；18~44 岁调查人群相对较低；调查人群土壤汞暴露贡献比兰州最高（表 5-10）。

表 5-10　不同地区、城乡、性别和年龄土壤汞暴露贡献比

单位：%

地区		男			女		
		18 岁~	45 岁~	60 岁~	18 岁~	45 岁~	60 岁~
太原	城市	0.0004	0.0243	0.0003	0.0002	0.0002	0.0002
	农村	0.1218	0.1463	0.1754	0.1127	0.0880	0.0855
大连	城市	0.0001	0.0001	0.0001	0.0001	0.0005	0.0009
	农村	0.0097	0.0088	0.0105	0.0066	0.0109	0.0117
上海	城市	0.0049	0.0055	0.0001	0.0026	0.0024	0.0031
	农村	0.0209	0.0429	0.0417	0.0134	0.0360	0.0598
武汉	城市	0.0037	0.0077	0.0307	0.0041	0.0069	0.0267
	农村	0.0636	0.2180	0.1351	0.0875	0.0963	0.0968
成都	城市	0.0015	0.0001	0.0001	0.0006	0.0032	0.0092
	农村	0.0655	0.0690	0.0566	0.0502	0.0852	0.0398
兰州	城市	0.1286	0.0323	0.0002	0.0472	0.0002	0.0457
	农村	0.4114	0.4772	0.3180	0.3838	0.4958	0.2482

1. 经呼吸道

调查人群土壤汞经呼吸道暴露贡献比较低，小于十万分之一（表 5-11）。

表 5-11　不同地区、城乡、性别和年龄土壤汞经呼吸道暴露贡献比

单位：‰

地区		男			女		
		18 岁~	45 岁~	60 岁~	18 岁~	45 岁~	60 岁~
太原	城市	0.0382	0.0326	0.0312	0.0242	0.0233	0.0235
	农村	0.0091	0.0084	0.0075	0.0063	0.0062	0.0056

地区		男			女		
		18 岁～	45 岁～	60 岁～	18 岁～	45 岁～	60 岁～
大连	城市	0.0004	0.0003	0.0003	0.0003	0.0002	0.0002
	农村	0.0004	0.0003	0.0003	0.0003	0.0002	0.0002
上海	城市	0.0027	0.0028	0.0021	0.0018	0.0017	0.0016
	农村	0.0032	0.0028	0.0025	0.0021	0.0022	0.0018
武汉	城市	0.0110	0.0067	0.0062	0.0074	0.0080	0.0049
	农村	0.0037	0.0092	0.0034	0.0042	0.0032	0.0024
成都	城市	0.0011	0.0009	0.0008	0.0007	0.0006	0.0006
	农村	0.0024	0.0022	0.0020	0.0016	0.0016	0.0015
兰州	城市	0.0272	0.0246	0.0212	0.0179	0.0187	0.0160
	农村	0.0129	0.0119	0.0103	0.0100	0.0091	0.0085

2. 经消化道

调查人群土壤汞经消化道暴露贡献比农村高于城市，调查人群土壤汞经消化道暴露贡献比兰州最高（表 5-12）。

表 5-12　不同地区、城乡、性别和年龄土壤汞经消化道暴露贡献比

单位：%

地区		男			女		
		18 岁～	45 岁～	60 岁～	18 岁～	45 岁～	60 岁～
太原	城市	—	0.0233	—	—	—	—
	农村	0.1106	0.1355	0.1623	0.1052	0.0821	0.0812
大连	城市	—	—	—	—	0.0005	0.0009
	农村	0.0089	0.0081	0.0098	0.0062	0.0101	0.0110
上海	城市	0.0049	0.0054	—	0.0025	0.0024	0.0030
	农村	0.0206	0.0426	0.0413	0.0133	0.0357	0.0595
武汉	城市	0.0035	0.0077	0.0304	0.0039	0.0068	0.0265
	农村	0.0614	0.2117	0.1312	0.0853	0.0938	0.0945
成都	城市	0.0015	—	—	0.0006	0.0032	0.0091
	农村	0.0605	0.0643	0.0531	0.0468	0.0796	0.0380
兰州	城市	0.1189	0.0298	—	0.0464	—	0.0452
	农村	0.3780	0.4390	0.2940	0.3597	0.4591	0.2306

注："—"为无土壤接触行为的人。

3. 经皮肤

调查人群土壤汞暴露经皮肤贡献比农村高于城市，男性总体高于女性；城市调查人群男性60岁及以上土壤汞暴露经皮肤贡献比武汉最高，其他调查人群兰州最高（表5-13）。

表5-13 不同地区、城乡、性别和年龄土壤汞经皮肤暴露贡献比

单位：‰

地区		男			女		
		18岁～	45岁～	60岁～	18岁～	45岁～	60岁～
太原	城市	—	0.0700	—	—	—	—
	农村	1.1016	1.0659	1.2962	0.7420	0.5810	0.4193
大连	城市	—	—	—	0.0007	0.0011	
	农村	0.0729	0.0678	0.0717	0.0438	0.0784	0.0680
上海	城市	0.0029	0.0062	0.0000	0.0026	0.0015	0.0005
	农村	0.0314	0.0305	0.0422	0.0070	0.0275	0.0324
武汉	城市	0.0049	0.0009	0.0212	0.0069	0.0014	0.0129
	农村	0.2228	0.6171	0.3895	0.2128	0.2512	0.2223
成都	城市	0.0021	—	—	0.0004	0.0012	0.0085
	农村	0.5036	0.4648	0.3437	0.3325	0.5606	0.1730
兰州	城市	0.9472	0.2330	—	0.0607	—	0.0330
	农村	3.3282	3.8082	2.3872	2.4017	3.6620	1.7512

注："—"为无土壤接触行为的人。

（四）膳食

调查人群膳食汞暴露贡献比大连和太原城市总体上高于农村，其他地区农村总体高于城市，女性总体高于男性；调查人群膳食汞暴露贡献比大连最高（表5-14）。

表5-14 不同地区、城乡、性别和年龄膳食汞暴露贡献比

单位：%

地区		男			女		
		18岁～	45岁～	60岁～	18岁～	45岁～	60岁～
太原	城市	94.9575	94.0697	95.7930	94.3418	95.0182	95.9355
	农村	94.0531	93.9824	94.1859	94.4615	94.1715	94.9751
大连	城市	99.6105	99.5874	99.7343	99.6127	99.6223	99.6356
	农村	99.5461	99.5143	99.4970	99.5442	99.5351	99.4894

地区		男			女		
		18 岁～	45 岁～	60 岁～	18 岁～	45 岁～	60 岁～
上海	城市	97.1066	96.6899	96.8348	97.0227	96.7128	96.7512
	农村	98.5900	98.6282	98.6041	98.7112	98.5564	98.8625
武汉	城市	79.1187	84.7220	84.6551	85.0340	80.6174	88.9386
	农村	95.0817	88.8885	93.2124	91.4026	93.6184	94.9464
成都	城市	98.4425	98.4604	98.4119	98.5514	98.6284	98.5610
	农村	98.9172	99.0716	98.8652	99.0181	98.8918	98.8907
兰州	城市	83.1060	84.5683	82.8891	85.9078	85.6790	85.4551
	农村	85.0632	80.6013	85.1494	87.5850	85.5594	88.5434

二、镉

镉环境暴露介质贡献比膳食最高，其次为饮用水和土壤，空气最低。膳食镉暴露贡献比大连最高，其他环境暴露介质兰州最高（表 5-15）。

表 5-15　不同地区、城乡镉各环境暴露介质贡献比

单位：%

地区		合计	空气				饮用水			土壤				膳食
			小计	室内	室外	交通	小计	饮水	用水	小计	经呼吸道	经消化道	经皮肤	
太原	城市	100	0.0119	0.0020	0.0063	0.0035	0.9214	0.9213	0.0001	0.0006	0.0001	0.0005	0.0001	99.0661
	农村	100	0.0145	0.0014	0.0128	0.0002	1.0652	1.0651	0.0001	0.0833	0.0001	0.0773	0.0059	98.8371
大连	城市	100	0.0709	0.0687	0.0019	0.0004	0.5147	0.5146	0.0001	0.0038	0.0001	0.0037	0.0001	99.4106
	农村	100	0.0298	0.0284	0.0011	0.0003	0.4087	0.4087	0.0000	0.0657	0.0001	0.0613	0.0044	99.4958
上海	城市	100	0.0027	0.0011	0.0007	0.0008	1.2584	1.2583	0.0001	0.0023	0.0001	0.0023	0.0001	98.7366
	农村	100	0.0031	0.0008	0.0016	0.0007	0.4657	0.4657	0.0000	0.0137	0.0001	0.0136	0.0001	99.5175

地区		合计	空气				饮用水			土壤				膳食
			小计	室内	室外	交通	小计	饮水	用水	小计	经呼吸道	经消化道	经皮肤	
武汉	城市	100	0.0147	0.0126	0.0016	0.0005	1.8964	1.8962	0.0002	0.0072	0.0000	0.0071	0.0000	98.0817
	农村	100	0.0150	0.0117	0.0022	0.0011	0.8572	0.8571	0.0001	0.0756	0.0000	0.0735	0.0021	99.0522
成都	城市	100	0.0143	0.0098	0.0036	0.0009	0.7218	0.7218	0.0000	0.0119	0.0001	0.0117	0.0001	99.2521
	农村	100	0.0065	0.0052	0.0003	0.0011	1.9409	1.9408	0.0001	0.1540	0.0000	0.1440	0.0100	97.8986
兰州	城市	100	0.0925	0.0658	0.0176	0.0090	5.5840	5.5838	0.0002	0.0516	0.0002	0.0489	0.0025	94.2719
	农村	100	0.1259	0.1002	0.0214	0.0043	11.3541	11.3538	0.0003	1.1230	0.0003	1.0391	0.0836	87.3970

（一）空气

空气镉暴露太原以室外空气为主，占空气镉暴露的 50% 以上，其他地区总体以室内空气为主，平均占空气镉暴露的 62% 以上（表 5-15）。调查人群空气镉暴露贡献比男性高于女性，60 岁及以上年龄段人群最低。调查人群空气镉暴露贡献比兰州最高（表 5-16）。

表 5-16　不同地区、城乡、性别和年龄空气镉暴露贡献比

单位：%

地区		男			女		
		18 岁～	45 岁～	60 岁～	18 岁～	45 岁～	60 岁～
太原	城市	0.0157	0.0180	0.0096	0.0109	0.0100	0.0072
	农村	0.0184	0.0170	0.0154	0.0112	0.0144	0.0108
大连	城市	0.0874	0.0751	0.0541	0.0694	0.0704	0.0554
	农村	0.0344	0.0299	0.0299	0.0237	0.0313	0.0300
上海	城市	0.0036	0.0035	0.0025	0.0022	0.0021	0.0020
	农村	0.0039	0.0036	0.0026	0.0030	0.0027	0.0020

地区		男			女		
		18 岁～	45 岁～	60 岁～	18 岁～	45 岁～	60 岁～
武汉	城市	0.0189	0.0166	0.0148	0.0147	0.0128	0.0115
	农村	0.0174	0.0191	0.0158	0.0160	0.0123	0.0119
成都	城市	0.0181	0.0144	0.0114	0.0121	0.0112	0.0107
	农村	0.0087	0.0066	0.0062	0.0055	0.0062	0.0050
兰州	城市	0.1343	0.1043	0.0916	0.0832	0.0764	0.0666
	农村	0.1390	0.1539	0.1306	0.1249	0.1106	0.0968

1. 室内空气

调查人群室内空气镉暴露贡献比男性高于女性，60 岁及以上年龄段人群最低。其中，城市调查人群男性室内空气镉暴露贡献比兰州最高，女性大连最高；农村调查人群室内空气镉暴露贡献比兰州最高（表 5-17）。

表 5-17　不同地区、城乡、性别和年龄室内空气镉暴露贡献比

单位：‰

地区		男			女		
		18 岁～	45 岁～	60 岁～	18 岁～	45 岁～	60 岁～
太原	城市	0.3029	0.1618	0.2200	0.1899	0.1707	0.1551
	农村	0.1614	0.1649	0.1386	0.1189	0.1599	0.0986
大连	城市	8.4908	7.2737	5.1308	6.7031	6.7605	5.3976
	农村	3.2530	2.8519	2.8564	2.2584	2.9979	2.8627
上海	城市	0.1481	0.1617	0.1135	0.0906	0.0907	0.0875
	农村	0.1014	0.0914	0.0655	0.0681	0.0683	0.0481
武汉	城市	1.6009	1.3969	1.2702	1.2350	1.1184	0.9947
	农村	1.2742	1.4757	1.2538	1.2905	0.9285	0.9406
成都	城市	1.2104	0.9766	0.8656	0.8389	0.7787	0.8074
	农村	0.6818	0.5136	0.4826	0.4415	0.5184	0.3990
兰州	城市	9.5566	7.3734	6.4230	5.8620	5.4682	4.8879
	农村	10.2961	12.2968	10.6384	10.2122	8.6562	7.9408

2. 室外空气

调查人群室外空气镉暴露贡献比男性高于女性，60 岁及以上年龄段人群最低。调查人群室外空气镉暴露贡献比兰州最高（表 5-18）。

表 5-18　不同地区、城乡、性别和年龄室外空气镉暴露贡献比

单位：‰

地区		男			女		
		18 岁～	45 岁～	60 岁～	18 岁～	45 岁～	60 岁～
太原	城市	0.7670	1.1807	0.4694	0.5676	0.4933	0.3706
	农村	1.6369	1.5023	1.3754	0.9790	1.2592	0.9645
大连	城市	0.2057	0.1941	0.2519	0.2069	0.2408	0.1098
	农村	0.1452	0.1195	0.1046	0.0853	0.1071	0.1063
上海	城市	0.0990	0.0926	0.0661	0.0609	0.0553	0.0480
	农村	0.2219	0.1705	0.1374	0.1710	0.1475	0.1140
武汉	城市	0.2141	0.2021	0.1681	0.1755	0.1097	0.1156
	农村	0.3177	0.2748	0.2085	0.2170	0.2140	0.1672
成都	城市	0.4688	0.3971	0.2450	0.2972	0.2765	0.2204
	农村	0.0353	0.0289	0.0228	0.0257	0.0219	0.0183
兰州	城市	2.5039	1.8944	1.9805	1.5413	1.4318	1.2185
	农村	2.9231	2.6219	2.0370	1.8989	2.0282	1.4407

3．交通空气

调查人群交通空气镉暴露贡献比男性高于女性，60 岁及以上年龄段人群最低。调查人群交通空气镉暴露贡献比兰州最高（表 5-19）。

表 5-19　不同地区、城乡、性别和年龄交通空气镉暴露贡献比

单位：‰

地区		男			女		
		18 岁～	45 岁～	60 岁～	18 岁～	45 岁～	60 岁～
太原	城市	0.4982	0.4529	0.2745	0.3346	0.3335	0.1938
	农村	0.0374	0.0310	0.0249	0.0189	0.0230	0.0163
大连	城市	0.0428	0.0376	0.0321	0.0330	0.0412	0.0284
	农村	0.0434	0.0223	0.0277	0.0255	0.0276	0.0269
上海	城市	0.1107	0.0961	0.0751	0.0694	0.0597	0.0617
	农村	0.0697	0.1027	0.0616	0.0646	0.0576	0.0365

地区		男			女		
		18 岁～	45 岁～	60 岁～	18 岁～	45 岁～	60 岁～
武汉	城市	0.0761	0.0604	0.0419	0.0595	0.0479	0.0410
	农村	0.1441	0.1560	0.1214	0.0924	0.0920	0.0805
成都	城市	0.1285	0.0647	0.0287	0.0754	0.0653	0.0396
	农村	0.1503	0.1177	0.1187	0.0795	0.0748	0.0821
兰州	城市	1.3675	1.1622	0.7543	0.9148	0.7391	0.5526
	农村	0.6783	0.4750	0.3834	0.3815	0.3778	0.2960

（二）饮用水

饮用水镉暴露以饮水为主，占饮用水镉暴露的 99% 以上，其次为用水（表 5-15）。调查人群饮用水镉暴露贡献比成都和兰州农村高于城市、其他调查地区人群饮用水镉暴露贡献比城市高于农村；男性总体高于女性；60 岁及以上年龄段人群较低；调查人群饮用水镉暴露贡献比兰州最高（表 5-20）。

表 5-20　不同地区、城乡、性别和年龄饮用水镉暴露贡献比

单位：%

地区		男			女		
		18 岁～	45 岁～	60 岁～	18 岁～	45 岁～	60 岁～
太原	城市	1.1189	1.1191	0.7771	0.8758	0.8990	0.7250
	农村	1.3001	0.9267	1.1420	0.9900	1.0039	1.0497
大连	城市	0.5351	0.4695	0.3218	0.5391	0.6991	0.4519
	农村	0.3755	0.3938	0.4235	0.3616	0.4673	0.4902
上海	城市	1.2454	1.7619	1.1855	1.2271	1.2380	1.1747
	农村	0.5056	0.4563	0.4802	0.5500	0.4479	0.3358
武汉	城市	1.5941	2.2680	2.2798	2.1679	1.6401	1.5051
	农村	0.7072	0.8178	1.0157	0.7869	0.7690	0.8882
成都	城市	0.7405	0.9661	0.8304	0.6803	0.6351	0.6710
	农村	2.0233	1.5813	1.9607	2.0731	1.9514	2.0807
兰州	城市	5.4444	5.4469	6.4126	4.8487	5.7493	5.4341
	农村	13.3951	14.4621	11.5556	9.8873	8.7356	9.7733

1. 饮水

调查人群饮水镉暴露贡献比太原、成都和兰州农村高于城市，其他调查地区城市高于农村；男性总体高于女性，60 岁及以上调查人群相对较低。调查人群饮水镉暴露贡献比兰州最高（表 5-21）。

表 5-21　不同地区、城乡、性别和年龄饮水镉暴露贡献比

单位：%

地区		男			女		
		18 岁～	45 岁～	60 岁～	18 岁～	45 岁～	60 岁～
太原	城市	1.1188	1.1191	0.7770	0.8757	0.8989	0.7249
	农村	1.3000	0.9267	1.1419	0.9899	1.0038	1.0496
大连	城市	0.5350	0.4694	0.3217	0.5390	0.6990	0.4518
	农村	0.3755	0.3938	0.4234	0.3616	0.4673	0.4902
上海	城市	1.2453	1.7618	1.1854	1.2270	1.2380	1.1747
	农村	0.5056	0.4563	0.4802	0.5499	0.4479	0.3358
武汉	城市	1.5940	2.2678	2.2797	2.1677	1.6400	1.5050
	农村	0.7072	0.8177	1.0156	0.7868	0.7689	0.8882
成都	城市	0.7405	0.9661	0.8304	0.6803	0.6351	0.6709
	农村	2.0232	1.5813	1.9607	2.0731	1.9514	2.0807
兰州	城市	5.4442	5.4466	6.4125	4.8485	5.7491	5.4339
	农村	13.3948	14.4617	11.5553	9.8869	8.7352	9.7731

2. 用水

调查人群用水镉暴露贡献比城市高于农村，60 岁及以上调查人群相对较低；调查人群用水镉暴露贡献比总体上兰州最高（表 5-22）。

表 5-22　不同地区、城乡、性别和年龄用水镉暴露贡献比

单位：‰

地区		男			女		
		18 岁～	45 岁～	60 岁～	18 岁～	45 岁～	60 岁～
太原	城市	0.0099	0.0090	0.0074	0.0080	0.0074	0.0074
	农村	0.0066	0.0063	0.0080	0.0071	0.0057	0.0078
大连	城市	0.0050	0.0058	0.0046	0.0056	0.0048	0.0055
	农村	0.0034	0.0034	0.0037	0.0036	0.0030	0.0043

地区		男			女		
		18 岁～	45 岁～	60 岁～	18 岁～	45 岁～	60 岁～
上海	城市	0.0071	0.0082	0.0082	0.0060	0.0067	0.0072
	农村	0.0022	0.0020	0.0026	0.0027	0.0022	0.0016
武汉	城市	0.0190	0.0163	0.0157	0.0200	0.0169	0.0151
	农村	0.0079	0.0095	0.0071	0.0075	0.0068	0.0079
成都	城市	0.0033	0.0035	0.0048	0.0028	0.0026	0.0027
	农村	0.0085	0.0053	0.0072	0.0065	0.0060	0.0065
兰州	城市	0.0236	0.0226	0.0183	0.0221	0.0232	0.0153
	农村	0.0348	0.0437	0.0239	0.0352	0.0372	0.0272

（三）土壤

土壤镉暴露以经消化道为主，占土壤镉暴露的 83.33% 以上，其次为经皮肤和经呼吸道（表 5-15）。调查人群土壤镉暴露贡献比农村高于城市；男性总体高于女性；调查人群土壤镉暴露贡献比总体上兰州最高（表 5-23）。

表 5-23　不同地区、城乡、性别和年龄土壤镉暴露贡献比

单位：%

地区		男			女		
		18 岁～	45 岁～	60 岁～	18 岁～	45 岁～	60 岁～
太原	城市	0.0001	0.0038	<0.0001	<0.0001	<0.0001	<0.0001
	农村	0.0834	0.0950	0.1205	0.0777	0.0603	0.0602
大连	城市	<0.0001	<0.0001	<0.0001	<0.0001	0.0049	0.0148
	农村	0.0609	0.0522	0.0736	0.0394	0.0968	0.0913
上海	城市	0.0034	0.0038	<0.0001	0.0018	0.0016	0.0021
	农村	0.0083	0.0171	0.0166	0.0046	0.0143	0.0221
武汉	城市	0.0020	0.0043	0.0159	0.0020	0.0032	0.0133
	农村	0.0501	0.0645	0.0926	0.0564	0.0812	0.0794
成都	城市	0.0102	0.0001	0.0001	0.0041	0.0212	0.0609
	农村	0.1620	0.1575	0.1335	0.1434	0.2185	0.0934
兰州	城市	0.1737	0.0252	0.0002	0.0523	0.0002	0.0505
	农村	1.1980	1.4435	0.9822	1.0505	1.4066	0.7581

1．经呼吸道

调查人群土壤镉经呼吸道暴露贡献比较低，均小于十万分之一（表5-24）。

表 5-24　不同地区、城乡、性别和年龄土壤镉经呼吸道暴露贡献比

单位：‰

地区		男			女		
		18 岁～	45 岁～	60 岁～	18 岁～	45 岁～	60 岁～
太原	城市	0.0060	0.0060	0.0049	0.0041	0.0040	0.0036
	农村	0.0063	0.0056	0.0052	0.0045	0.0048	0.0038
大连	城市	0.0039	0.0033	0.0028	0.0031	0.0037	0.0027
	农村	0.0022	0.0019	0.0019	0.0015	0.0020	0.0019
上海	城市	0.0020	0.0019	0.0014	0.0013	0.0011	0.0011
	农村	0.0013	0.0012	0.0009	0.0009	0.0009	0.0007
武汉	城市	0.0040	0.0035	0.0031	0.0032	0.0027	0.0024
	农村	0.0028	0.0028	0.0024	0.0024	0.0019	0.0018
成都	城市	0.0069	0.0061	0.0052	0.0047	0.0044	0.0043
	农村	0.0062	0.0050	0.0048	0.0043	0.0042	0.0036
兰州	城市	0.0323	0.0266	0.0241	0.0200	0.0195	0.0174
	农村	0.0386	0.0359	0.0305	0.0277	0.0258	0.0251

2．经消化道

调查人群土壤镉经消化道暴露贡献比农村高于城市，调查人群土壤镉经消化道暴露贡献比总体上兰州最高（表5-25）。

3．经皮肤

调查人群土壤镉暴露经皮肤贡献比农村高于城市，男性总体高于女性，调查人群土壤镉经皮肤暴露贡献比总体上兰州最高（表5-26）。

表 5-25 不同地区、城乡、性别和年龄土壤镉经消化道暴露贡献比

单位：‰

地区		男			女		
		18 岁～	45 岁～	60 岁～	18 岁～	45 岁～	60 岁～
太原	城市	—	0.3647	—	—	—	—
	农村	7.5790	8.7625	11.1593	7.2495	5.6279	5.7247
大连	城市	—	—	—	—	0.4816	1.4589
	农村	5.6441	4.8152	6.8541	3.6737	9.0945	8.5903
上海	城市	0.3320	0.3761	—	0.1722	0.1604	0.2047
	农村	0.8188	1.6928	1.6427	0.4545	1.4169	2.1972
武汉	城市	0.1923	0.4290	1.5772	0.1938	0.3213	1.3188
	农村	4.8320	6.2618	8.9639	5.4974	7.9101	7.7588
成都	城市	1.0035	—	—	0.4046	2.1080	6.0245
	农村	14.9734	14.6680	12.5323	13.4913	20.4315	8.9340
兰州	城市	16.1411	2.3148	—	5.1455	—	4.9979
	农村	110.057	132.902	90.8030	98.3590	130.310	70.4625

注："—"为无土壤接触行为的人。

表 5-26 不同地区、城乡、性别和年龄土壤镉经皮肤暴露贡献比

单位：‰

地区		男			女		
		18 岁～	45 岁～	60 岁～	18 岁～	45 岁～	60 岁～
太原	城市	—	0.0110	—	—	—	—
	农村	0.7536	0.7270	0.8896	0.5119	0.3924	0.2902
大连	城市	—	—	—	—	0.0067	0.0209
	农村	0.4451	0.4005	0.5033	0.2599	0.5809	0.5339
上海	城市	0.0020	0.0043	—	0.0018	0.0010	0.0003
	农村	0.0125	0.0121	0.0168	0.0023	0.0109	0.0111
武汉	城市	0.0027	0.0005	0.0106	0.0034	0.0007	0.0063
	农村	0.1742	0.1861	0.2938	0.1391	0.2068	0.1794
成都	城市	0.0138	—	—	0.0028	0.0081	0.0562
	农村	1.2199	1.0800	0.8103	0.8454	1.4102	0.4068
兰州	城市	1.1981	0.1812	—	0.0679	—	0.0364
	农村	9.7013	11.4077	7.3857	6.6654	10.3207	5.3250

注："—"为无土壤接触行为的人。

（四）膳食

调查人群膳食镉暴露贡献比太原、成都和兰州城市总体上高于农村，其他地区农村总体上高于城市，女性总体高于男性；调查人群膳食镉暴露贡献比大连最高（表 5-27）。

表 5-27　不同地区、城乡、性别和年龄膳食镉暴露贡献比

单位：%

地区		男			女		
		18 岁～	45 岁～	60 岁～	18 岁～	45 岁～	60 岁～
太原	城市	98.8654	98.8591	99.2132	99.1132	99.0910	99.2678
	农村	98.5982	98.9613	98.7221	98.9212	98.9215	98.8793
大连	城市	99.3775	99.4554	99.6241	99.3915	99.2256	99.4779
	农村	99.5292	99.5240	99.4730	99.5754	99.4046	99.3886
上海	城市	98.7477	98.2308	98.8120	98.7690	98.7583	98.8212
	农村	99.4821	99.5230	99.5006	99.4424	99.5351	99.6401
武汉	城市	98.3850	97.7111	97.6894	97.8154	98.3439	98.4701
	农村	99.2253	99.0986	98.8759	99.1407	99.1375	99.0205
成都	城市	99.2312	99.0195	99.1581	99.3035	99.3324	99.2575
	农村	97.8060	98.2545	97.8996	97.7780	97.8240	97.8208
兰州	城市	94.2476	94.4236	93.4955	95.0157	94.1741	94.4488
	农村	85.2679	83.9405	87.3316	88.9373	89.7472	89.3718

三、砷

砷环境暴露介质贡献比膳食最高，其次为饮用水和土壤，空气最低。膳食砷暴露贡献比大连最高，其他兰州最高（表 5-28）。

表 5-28　不同地区、城乡砷各环境暴露介质贡献比

单位：%

地区		合计	空气				饮用水			土壤				膳食
			小计	室内	室外	交通	小计	饮水	用水	小计	经呼吸道	经消化道	经皮肤	
太原	城市	100	0.0085	0.0017	0.0062	0.0006	11.7819	11.7797	0.0022	0.0238	0.0011	0.0119	0.0107	88.1858
	农村	100	0.0185	0.0090	0.0072	0.0022	10.5177	10.5165	0.0012	4.2108	0.0009	1.2905	2.9194	85.2531
大连	城市	100	0.0109	0.0102	0.0006	0.0001	0.3814	0.3814	0.0001	0.0069	0.0000	0.0047	0.0022	99.6007
	农村	100	0.0110	0.0101	0.0007	0.0002	0.2758	0.2758	0.0000	0.2081	0.0000	0.0638	0.1443	99.5050
上海	城市	100	0.0669	0.0612	0.0032	0.0025	1.7323	1.7321	0.0002	0.1210	0.0007	0.0994	0.0209	98.0798
	农村	100	0.0769	0.0677	0.0068	0.0024	1.2177	1.2176	0.0001	1.4073	0.0009	1.1317	0.2747	97.2981
武汉	城市	100	0.0289	0.0240	0.0037	0.0012	12.7065	12.7047	0.0018	0.1839	0.0007	0.1535	0.0297	87.0807
	农村	100	0.0662	0.0527	0.0105	0.0030	8.2866	8.2854	0.0012	10.6339	0.0020	5.7879	4.8440	81.0133
成都	城市	100	0.0190	0.0163	0.0024	0.0003	0.6793	0.6793	0.0001	0.0725	0.0003	0.0562	0.0161	99.2291
	农村	100	0.0089	0.0069	0.0018	0.0001	2.0053	2.0052	0.0001	3.4184	0.0004	1.0995	2.3186	94.5673
兰州	城市	100	1.6740	1.6454	0.0204	0.0081	30.6890	30.6868	0.0022	0.5337	0.0014	0.2157	0.3166	67.1033
	农村	100	0.9755	0.9437	0.0256	0.0063	20.5844	20.5835	0.0009	17.2055	0.0016	5.0971	12.1068	61.2346

（一）空气

空气砷暴露太原以室外空气为主，平均占空气砷暴露的 55% 以上；其他地区以室内空气为主，平均占空气砷暴露的 79% 以上（表 5-28）。男性调查人群空气砷暴

露贡献比男性高于女性，60 岁及以上年龄段人群最低。调查人群空气砷暴露贡献比兰州最高（表 5-29）。

表 5-29 不同地区、城乡、性别和年龄空气砷暴露贡献比

单位：%

地区		男			女		
		18 岁～	45 岁～	60 岁～	18 岁～	45 岁～	60 岁～
太原	城市	0.0113	0.0110	0.0079	0.0079	0.0071	0.0059
	农村	0.0245	0.0222	0.0190	0.0167	0.0162	0.0145
大连	城市	0.0142	0.0122	0.0097	0.0094	0.0082	0.0094
	农村	0.0130	0.0114	0.0105	0.0093	0.0089	0.0129
上海	城市	0.0861	0.0816	0.0637	0.0584	0.0504	0.0500
	农村	0.1083	0.0882	0.0749	0.0651	0.0632	0.0525
武汉	城市	0.0380	0.0321	0.0279	0.0299	0.0272	0.0211
	农村	0.1047	0.0890	0.0603	0.0792	0.0502	0.0483
成都	城市	0.0238	0.0173	0.0109	0.0167	0.0157	0.0152
	农村	0.0105	0.0117	0.0088	0.0074	0.0069	0.0069
兰州	城市	2.3312	1.9060	1.5594	1.5185	1.5161	1.2626
	农村	1.1117	1.0366	1.0106	0.9378	0.7925	0.9418

1. 室内空气

调查人群室内空气砷暴露贡献比成都和兰州城市高于农村，其他地区总体上农村高于城市，男性高于女性，60 岁及以上年龄段人群最低。调查人群室内空气砷暴露贡献比兰州最高（表 5-30）。

表 5-30 不同地区、城乡、性别和年龄室内空气砷暴露贡献比

单位：‰

地区		男			女		
		18 岁～	45 岁～	60 岁～	18 岁～	45 岁～	60 岁～
太原	城市	0.2100	0.1603	0.2079	0.1410	0.1347	0.1461
	农村	1.2072	1.0402	0.9163	0.9170	0.7848	0.7068
大连	城市	1.3399	1.1423	0.8741	0.8762	0.7488	0.8939
	农村	1.1784	1.0497	0.9678	0.8576	0.8200	1.2037

地区		男			女		
		18 岁～	45 岁～	60 岁～	18 岁～	45 岁～	60 岁～
上海	城市	7.8557	7.4852	5.8481	5.3455	4.6064	4.5899
	农村	9.5494	7.7340	6.6568	5.6872	5.5624	4.6335
武汉	城市	3.1097	2.6338	2.3299	2.4742	2.3416	1.7552
	农村	8.4819	7.1124	4.7721	6.6924	3.7210	3.8246
成都	城市	2.0245	1.4680	0.9384	1.4340	1.3372	1.3422
	农村	0.8160	0.9110	0.6954	0.5802	0.5290	0.5394
兰州	城市	229.178	187.359	153.069	149.044	149.172	124.326
	农村	106.935	100.270	97.9982	90.6128	76.2726	91.7264

2. 室外空气

调查人群室外空气砷暴露贡献比成都城市高于农村，其他地区农村总体高于城市，男性高于女性，60 岁及以上年龄段人群低于其他年龄段。调查人群室外空气砷暴露贡献比兰州最高（表 5-31）。

表 5-31　不同地区、城乡、性别和年龄室外空气砷暴露贡献比

单位：‰

地区		男			女		
		18 岁～	45 岁～	60 岁～	18 岁～	45 岁～	60 岁～
太原	城市	0.8257	0.8617	0.5265	0.5843	0.5167	0.4067
	农村	0.9129	0.8885	0.7629	0.5732	0.6443	0.5806
大连	城市	0.0660	0.0637	0.0827	0.0566	0.0597	0.0317
	农村	0.0929	0.0770	0.0619	0.0571	0.0560	0.0685
上海	城市	0.4252	0.3910	0.2927	0.2737	0.2446	0.2135
	农村	1.0063	0.7367	0.5933	0.6320	0.5658	0.4757
武汉	城市	0.5106	0.4415	0.3636	0.3920	0.2637	0.2613
	农村	1.5839	1.3529	0.9443	0.9770	1.0409	0.7860
成都	城市	0.3110	0.2377	0.1464	0.2070	0.2082	0.1615
	农村	0.2195	0.2358	0.1657	0.1492	0.1522	0.1352
兰州	城市	2.7487	2.2010	2.2214	1.9360	1.7491	1.4319
	农村	3.2972	2.7528	2.4839	2.5597	2.4264	1.9530

3. 交通空气

调查人群交通空气砷暴露贡献比农村总体高于城市，男性高于女性，60 岁及以上年龄段人群最低。调查人群交通空气砷暴露贡献比兰州最高（表 5-32）。

表 5-32　不同地区、城乡、性别和年龄交通空气砷暴露贡献比

单位：‰

地区		男			女		
		18 岁～	45 岁～	60 岁～	18 岁～	45 岁～	60 岁～
太原	城市	0.0936	0.0737	0.0527	0.0599	0.0580	0.0368
	农村	0.3321	0.2909	0.2211	0.1814	0.1868	0.1644
大连	城市	0.0168	0.0157	0.0134	0.0118	0.0110	0.0109
	农村	0.0296	0.0147	0.0164	0.0178	0.0139	0.0179
上海	城市	0.3334	0.2821	0.2342	0.2189	0.1861	0.1932
	农村	0.2696	0.3501	0.2405	0.1931	0.1891	0.1400
武汉	城市	0.1761	0.1301	0.0920	0.1278	0.1160	0.0928
	农村	0.4087	0.4343	0.3132	0.2463	0.2568	0.2166
成都	城市	0.0467	0.0206	0.0092	0.0263	0.0248	0.0142
	农村	0.0179	0.0192	0.0154	0.0090	0.0090	0.0110
兰州	城市	1.1930	1.0391	0.6528	0.8712	0.6939	0.4995
	农村	0.9386	0.6382	0.5731	0.6073	0.5498	0.4970

（二）饮用水

饮用水砷暴露以饮水为主，占饮用水砷暴露的 99% 以上，其次为用水（表 5-28）。调查人群饮用水砷暴露贡献比成都农村高于城市，其他地区城市高于农村；男性总体高于女性；60 岁及以上年龄段人群低于其他年龄段；调查人群饮用水砷暴露贡献比兰州最高（表 5-33）。

表 5-33   不同地区、城乡、性别和年龄饮用水砷暴露贡献比

单位：%

地区		男			女		
		18 岁～	45 岁～	60 岁～	18 岁～	45 岁～	60 岁～
太原	城市	11.4429	12.6687	11.2288	12.4954	11.9366	10.8378
	农村	10.8810	10.3719	10.4083	10.3204	11.4889	9.4373
大连	城市	0.3949	0.4270	0.2682	0.3873	0.4027	0.3796
	农村	0.2437	0.2546	0.2840	0.2505	0.2740	0.3980
上海	城市	1.7293	1.6325	1.5758	1.8455	1.6626	1.6663
	农村	1.5372	1.2109	1.2017	1.2105	1.1598	0.8741
武汉	城市	11.1024	15.5046	15.1652	11.0389	14.4638	11.3187
	农村	8.7234	9.2347	8.4447	9.7802	7.5168	7.0071
成都	城市	0.7582	0.6254	0.5450	0.6367	0.6621	0.6214
	农村	2.0171	1.8317	1.9543	1.8548	2.2695	2.2385
兰州	城市	28.9703	29.0750	36.0237	25.4045	31.0936	31.9553
	农村	23.5513	24.7114	20.9471	19.8677	16.4783	17.7169

1. 饮水

调查人群饮水砷暴露贡献比成都农村高于城市，其他地区城市高于农村；男性总体高于女性，60 岁及以上调查人群相对较低。调查人群饮水砷暴露贡献比兰州最高（表 5-34）。

表 5-34   不同地区、城乡、性别和年龄饮水砷暴露贡献比

单位：%

地区		男			女		
		18 岁～	45 岁～	60 岁～	18 岁～	45 岁～	60 岁～
太原	城市	11.4407	12.6666	11.2267	12.4930	11.9346	10.8356
	农村	10.8799	10.3707	10.4071	10.3192	11.4878	9.4360
大连	城市	0.3948	0.4269	0.2681	0.3873	0.4026	0.3795
	农村	0.2436	0.2546	0.2839	0.2504	0.2739	0.3979

地区		男			女		
		18 岁～	45 岁～	60 岁～	18 岁～	45 岁～	60 岁～
上海	城市	1.7291	1.6324	1.5756	1.8454	1.6624	1.6662
	农村	1.5371	1.2108	1.2016	1.2104	1.1597	0.8740
武汉	城市	11.1007	15.5027	15.1635	11.0371	14.4618	11.3170
	农村	8.7219	9.2332	8.4438	9.7786	7.5158	7.0062
成都	城市	0.7581	0.6253	0.5449	0.6366	0.6621	0.6214
	农村	2.0169	1.8316	1.9542	1.8547	2.2694	2.2384
兰州	城市	28.9678	29.0727	36.0217	25.4022	31.0911	31.9536
	农村	23.5505	24.7105	20.9465	19.8666	16.4772	17.7159

2. 用水

调查人群用水砷暴露贡献比城市高于农村；60 岁及以上调查人群相对较低。其中，城市调查人群男性 60 岁及以上用水砷暴露贡献比太原最高，其他年龄段兰州最高，女性 45～59 岁兰州最高，其他年龄段太原最高；农村调查人群用水砷暴露贡献比总体上武汉最高（表 5-35）。

表 5-35 不同地区、城乡、性别和年龄用水砷暴露贡献比

单位：‰

地区		男			女		
		18 岁～	45 岁～	60 岁～	18 岁～	45 岁～	60 岁～
太原	城市	0.2287	0.2072	0.2084	0.2364	0.1965	0.2183
	农村	0.1107	0.1181	0.1170	0.1219	0.1054	0.1297
大连	城市	0.0066	0.0097	0.0070	0.0068	0.0065	0.0087
	农村	0.0039	0.0035	0.0042	0.0042	0.0036	0.0061
上海	城市	0.0194	0.0157	0.0192	0.0158	0.0163	0.0170
	农村	0.0112	0.0088	0.0124	0.0130	0.0099	0.0075
武汉	城市	0.1689	0.1864	0.1695	0.1775	0.2067	0.1736
	农村	0.1536	0.1439	0.0954	0.1511	0.1092	0.0924
成都	城市	0.0058	0.0046	0.0073	0.0044	0.0046	0.0047
	农村	0.0149	0.0123	0.0146	0.0112	0.0132	0.0133
兰州	城市	0.2534	0.2263	0.1936	0.2288	0.2501	0.1708
	农村	0.0840	0.0885	0.0590	0.1109	0.1088	0.0936

（三）土壤

土壤砷暴露以经消化道为主，平均占土壤砷暴露的 54% 以上，其次为经皮肤和经呼吸道（表 5-28）。调查人群土壤砷暴露贡献比均为农村高于城市；男性总体高于女性；调查人群土壤砷暴露贡献比总体上兰州最高（表 5-36）。

表 5-36　不同地区、城乡、性别和年龄土壤砷暴露贡献比

单位：%

地区		男			女		
		18 岁～	45 岁～	60 岁～	18 岁～	45 岁～	60 岁～
太原	城市	0.0014	0.1645	0.0012	0.0010	0.0009	0.0009
	农村	4.7568	5.0496	6.0546	3.6154	3.2827	2.4211
大连	城市	<0.0001	<0.0001	<0.0001	<0.0001	0.0049	0.0290
	农村	0.2017	0.1848	0.2098	0.1255	0.2203	0.3734
上海	城市	0.1704	0.2191	0.0006	0.0978	0.0830	0.0942
	农村	0.9529	1.6725	1.7268	0.5068	1.4159	2.3448
武汉	城市	0.0621	0.0873	0.3991	0.0637	0.0813	0.3363
	农村	7.9757	9.7767	13.3629	6.1411	11.6311	10.7384
成都	城市	0.0683	0.0003	0.0003	0.0238	0.1133	0.3707
	农村	3.8973	4.1167	2.8927	2.7237	4.6750	1.6768
兰州	城市	2.0414	0.3860	0.0013	0.4164	0.0012	0.3042
	农村	19.6394	22.0241	14.8337	15.0595	21.9522	11.3901

1. 经呼吸道

调查人群土壤砷经呼吸道暴露贡献比较低，均小于万分之一（表 5-37）。

2. 经消化道

调查人群土壤砷经消化道暴露贡献比农村高于城市，调查人群土壤砷经消化道暴露贡献比总体上兰州最高（表 5-38）。

表 5-37　不同地区、城乡、性别和年龄土壤砷经呼吸道暴露贡献比

单位：‰

地区		男			女		
		18 岁～	45 岁～	60 岁～	18 岁～	45 岁～	60 岁～
太原	城市	0.1447	0.1250	0.1222	0.0959	0.0921	0.0915
	农村	0.1106	0.1012	0.0898	0.0851	0.0791	0.0722
大连	城市	0.0034	0.0030	0.0026	0.0024	0.0022	0.0023
	农村	0.0023	0.0021	0.0018	0.0016	0.0016	0.0023
上海	城市	0.0876	0.0819	0.0642	0.0593	0.0507	0.0501
	农村	0.1231	0.1023	0.0862	0.0754	0.0735	0.0605
武汉	城市	0.0928	0.0760	0.0685	0.0705	0.0644	0.0549
	农村	0.2541	0.2535	0.1994	0.1924	0.1728	0.1580
成都	城市	0.0387	0.0298	0.0256	0.0249	0.0256	0.0239
	农村	0.0455	0.0492	0.0379	0.0295	0.0315	0.0296
兰州	城市	0.1839	0.1551	0.1336	0.1244	0.1197	0.1012
	农村	0.1929	0.1725	0.1714	0.1598	0.1360	0.1536

表 5-38　不同地区、城乡、性别和年龄土壤砷经消化道暴露贡献比

单位：%

地区		男			女		
		18 岁～	45 岁～	60 岁～	18 岁～	45 岁～	60 岁～
太原	城市	—	0.0858	—	—	—	—
	农村	1.1961	1.4646	1.7990	1.1753	1.0705	0.9365
大连	城市	—	—	—	—	0.0035	0.0198
	农村	0.0582	0.0527	0.0658	0.0401	0.0673	0.1216
上海	城市	0.1441	0.1621	—	0.0742	0.0697	0.0892
	农村	0.6562	1.3763	1.3261	0.4369	1.1498	2.0045
武汉	城市	0.0429	0.0837	0.3290	0.0413	0.0759	0.2928
	农村	3.8681	5.1801	6.8507	3.4573	6.5644	6.3881
成都	城市	0.0481	—	—	0.0194	0.1014	0.2895
	农村	1.1210	1.3380	0.9875	0.8732	1.4982	0.7116
兰州	城市	0.6122	0.1148	—	0.2986	—	0.2487
	农村	5.4228	6.1646	4.3955	5.0890	6.5706	3.4879

注："—"为无土壤接触行为的人。

3. 经皮肤

调查人群土壤砷暴露经皮肤贡献比农村高于城市，男性总体高于女性，调查人群土壤砷经皮肤暴露贡献比总体上兰州最高（表5-39）。

表5-39　不同地区、城乡、性别和年龄土壤砷经皮肤暴露贡献比

单位：%

地区		男			女		
		18岁～	45岁～	60岁～	18岁～	45岁～	60岁～
太原	城市	—	0.0774	—	—	—	—
	农村	3.5596	3.5840	4.2547	2.4392	2.2113	1.4839
大连	城市	—	—	—	—	0.0014	0.0091
	农村	0.1435	0.1321	0.1440	0.0854	0.1530	0.2518
上海	城市	0.0254	0.0562	—	0.0230	0.0128	0.0045
	农村	0.2955	0.2953	0.3999	0.0692	0.2653	0.3397
武汉	城市	0.0182	0.0028	0.0693	0.0217	0.0048	0.0430
	农村	4.1050	4.5940	6.5102	2.6819	5.0650	4.3487
成都	城市	0.0198	—	—	0.0041	0.0117	0.0809
	农村	2.7759	2.7782	1.9049	1.8502	3.1765	0.9649
兰州	城市	1.4274	0.2696	—	0.1166	—	0.0544
	农村	14.2146	15.8578	10.4365	9.9689	15.3803	7.9006

注："—"为无土壤接触行为的人。

（四）膳食

调查人群膳食砷暴露贡献比城市高于农村，女性总体高于男性；调查人群膳食砷暴露贡献比大连最高（表5-40）。

表5-40　不同地区、城乡、性别和年龄膳食砷暴露贡献比

单位：%

地区		男			女		
		18岁～	45岁～	60岁～	18岁～	45岁～	60岁～
太原	城市	88.5443	87.1559	88.7621	87.4958	88.0554	89.1554
	农村	84.3377	84.5563	83.5181	86.0475	85.2123	88.1271
大连	城市	99.5908	99.5608	99.7221	99.6032	99.5842	99.5821
	农村	99.5417	99.5492	99.4958	99.6147	99.4968	99.2157

地区		男			女		
		18 岁～	45 岁～	60 岁～	18 岁～	45 岁～	60 岁～
上海	城市	98.0142	98.0668	98.3598	97.9983	98.2040	98.1895
	农村	97.4017	97.0284	96.9966	98.2176	97.3611	96.7286
武汉	城市	88.7975	84.3760	84.4078	88.8675	85.4276	88.3239
	农村	83.1962	80.8996	78.1321	83.9995	80.8019	82.2063
成都	城市	99.1497	99.3571	99.4438	99.3229	99.2089	98.9927
	农村	94.0751	94.0400	95.1442	95.4141	93.0485	96.0778
兰州	城市	66.6570	68.6331	62.4156	72.6606	67.3891	66.4779
	农村	55.6976	52.2279	63.2086	64.1351	60.7770	69.9513

四、铅

铅环境暴露介质贡献比膳食最高，其次为饮用水和土壤，空气最低。膳食铅暴露贡献比成都最高，土壤铅暴露贡献比兰州最高，饮用水暴露贡献比以及空气铅暴露贡献比太原最高（表 5-41）。

表 5-41　不同地区、城乡铅各环境暴露介质贡献比

单位：%

地区		合计	空气				饮用水			土壤				膳食
			小计	室内	室外	交通	小计	饮水	用水	小计	经呼吸道	经消化道	经皮肤	
太原	城市	100	0.4362	0.3172	0.0589	0.0601	5.6179	5.6179	<0.0001	0.0390	0.0036	0.0344	0.0010	93.9069
	农村	100	0.5551	0.3870	0.1449	0.0232	9.9198	9.9198	<0.0001	4.6445	0.0031	4.3200	0.3214	84.8806
大连	城市	100	0.0386	0.0317	0.0059	0.0010	1.7180	1.7180	<0.0001	0.0502	0.0006	0.0490	0.0006	98.1932
	农村	100	0.0570	0.0461	0.0087	0.0023	1.0461	1.0461	<0.0001	1.3523	0.0004	1.2601	0.0918	97.5446
上海	城市	100	0.0221	0.0113	0.0051	0.0057	1.6147	1.6147	<0.0001	0.1051	0.0007	0.1037	0.0007	98.2582

地区		合计	空气				饮用水			土壤				膳食
			小计	室内	室外	交通	小计	饮水	用水	小计	经呼吸道	经消化道	经皮肤	
上海	农村	100	0.0302	0.0141	0.0109	0.0053	2.0072	2.0072	<0.0001	0.8895	0.0007	0.8817	0.0072	97.0731
武汉	城市	100	0.1167	0.0956	0.0158	0.0053	3.4621	3.4621	<0.0001	0.1673	0.0008	0.1654	0.0010	96.2539
	农村	100	0.1565	0.1191	0.0292	0.0081	3.5035	3.5035	<0.0001	3.6080	0.0012	3.5039	0.1029	92.7320
成都	城市	100	0.0276	0.0238	0.0026	0.0013	0.3143	0.3143	<0.0001	0.0783	0.0004	0.0772	0.0007	99.5798
	农村	100	0.0171	0.0144	0.0016	0.0011	0.3451	0.3451	<0.0001	0.9319	0.0003	0.8712	0.0604	98.7058
兰州	城市	100	0.1611	0.1148	0.0328	0.0135	1.5430	1.5430	<0.0001	0.3200	0.0016	0.3025	0.0158	97.9758
	农村	100	0.1371	0.0987	0.0314	0.0069	4.4529	4.4529	<0.0001	4.8807	0.0013	4.5170	0.3624	90.5293

（一）空气

空气铅暴露以室内空气为主，占空气铅暴露的 46% 以上，其次为室外空气（表 5-41）。调查人群空气铅暴露贡献比男性高于女性，60 岁及以上年龄段人群最低。调查人群空气铅暴露贡献比太原最高（表 5-42）。

表 5-42 不同地区、城乡、性别和年龄空气铅暴露贡献比

单位：%

地区		男			女		
		18 岁～	45 岁～	60 岁～	18 岁～	45 岁～	60 岁～
太原	城市	0.6144	0.5230	0.4002	0.4065	0.3455	0.3092
	农村	0.6709	0.6765	0.5634	0.4570	0.5539	0.4317
大连	城市	0.0441	0.0390	0.0373	0.0327	0.0334	0.0402
	农村	0.0662	0.0605	0.0602	0.0472	0.0494	0.0588
上海	城市	0.0288	0.0260	0.0217	0.0186	0.0173	0.0166
	农村	0.0368	0.0376	0.0263	0.0288	0.0242	0.0246

地区		男			女		
		18岁~	45岁~	60岁~	18岁~	45岁~	60岁~
武汉	城市	0.1533	0.1332	0.1128	0.1159	0.1142	0.0851
	农村	0.1988	0.1858	0.1556	0.1766	0.1487	0.1114
成都	城市	0.0335	0.0296	0.0191	0.0240	0.0229	0.0234
	农村	0.0196	0.0193	0.0175	0.0153	0.0156	0.0141
兰州	城市	0.2436	0.1859	0.1472	0.1419	0.1338	0.1179
	农村	0.1620	0.1898	0.1216	0.1335	0.1110	0.1082

1. 室内空气

调查人群室内空气铅暴露贡献比成都和兰州城市高于农村，其他地区农村高于城市，男性高于女性，60岁及以上年龄段人群最低。调查人群室内空气铅暴露贡献比太原最高（表5-43）。

表5-43 不同地区、城乡、性别和年龄室内空气铅暴露贡献比

单位：‰

地区		男			女		
		18岁~	45岁~	60岁~	18岁~	45岁~	60岁~
太原	城市	44.8427	36.3963	30.5214	29.1139	24.3826	23.7592
	农村	45.3340	46.5234	38.3990	32.7524	40.2800	30.0336
大连	城市	3.6085	3.1350	2.7837	2.5679	2.7009	3.5817
	农村	5.1529	4.8941	4.9595	3.8217	4.0147	4.9924
上海	城市	1.4671	1.3458	1.1130	0.9672	0.8668	0.8530
	农村	1.7344	1.7527	1.2301	1.3041	1.1306	1.1423
武汉	城市	12.4210	10.8015	9.2961	9.3427	9.7018	7.0184
	农村	14.4665	13.9589	12.0843	14.0103	10.9659	8.6210
成都	城市	2.8195	2.5806	1.6933	2.0820	2.0136	2.1220
	农村	1.6251	1.5946	1.4927	1.3030	1.3360	1.2167
兰州	城市	17.0814	13.3688	10.1698	10.0234	9.7271	8.7679
	农村	10.9733	13.6762	8.8737	9.9092	7.7412	8.1812

2. 室外空气

调查人群室外空气铅暴露贡献比成都和兰州城市高于农村，其他地区农村高于

城市，男性高于女性，60 岁及以上年龄段人群最低。调查人群室外空气铅暴露贡献比太原最高（表 5-44）。

表 5-44　不同地区、城乡、性别和年龄室外空气铅暴露贡献比

单位：‰

地区		男			女		
		18 岁～	45 岁～	60 岁～	18 岁～	45 岁～	60 岁～
太原	城市	7.8151	8.5886	4.6959	5.6679	4.7721	3.7470
	农村	18.3795	18.0161	15.5852	11.1229	13.1266	11.4693
大连	城市	0.6772	0.6480	0.8469	0.6078	0.5520	0.3555
	农村	1.1322	0.9695	0.8441	0.6943	0.7547	0.7179
上海	城市	0.6655	0.6117	0.4974	0.4183	0.4157	0.3536
	农村	1.4408	1.2047	0.9248	1.1013	0.8802	0.9444
武汉	城市	2.1322	1.9269	1.5777	1.6901	1.1726	1.0923
	农村	4.1611	3.5978	2.5881	2.9807	3.1804	1.9798
成都	城市	0.3429	0.2840	0.1747	0.2116	0.1817	0.1582
	农村	0.1846	0.1911	0.1333	0.1414	0.1426	0.1087
兰州	城市	5.0871	3.4487	3.5114	2.8286	2.6102	2.1937
	农村	4.1614	4.4487	2.7073	2.7399	2.7826	2.1640

3．交通空气

调查人群交通空气铅暴露贡献比大连和武汉农村高于城市，其他地区城市高于农村，男性高于女性，60 岁及以上年龄段人群较低。调查人群交通空气铅暴露贡献比太原最高（表 5-45）。

表 5-45　不同地区、城乡、性别和年龄交通空气铅暴露贡献比

单位：‰

地区		男			女		
		18 岁～	45 岁～	60 岁～	18 岁～	45 岁～	60 岁～
太原	城市	8.7797	7.3168	4.8052	5.8675	5.3999	3.4099
	农村	3.3756	3.1144	2.3514	1.8198	1.9798	1.6684
大连	城市	0.1283	0.1185	0.1019	0.0923	0.0881	0.0796
	农村	0.3314	0.1844	0.2205	0.2045	0.1748	0.1682

地区		男			女		
		18 岁～	45 岁～	60 岁～	18 岁～	45 岁～	60 岁～
上海	城市	0.7438	0.6461	0.5616	0.4703	0.4461	0.4495
	农村	0.5075	0.8065	0.4749	0.4740	0.4076	0.3688
武汉	城市	0.7727	0.5944	0.4024	0.5574	0.5452	0.3945
	农村	1.2562	1.0213	0.8874	0.6668	0.7203	0.5404
成都	城市	0.1905	0.0944	0.0419	0.1081	0.0916	0.0592
	农村	0.1494	0.1394	0.1229	0.0828	0.0779	0.0886
兰州	城市	2.1883	1.7771	1.0397	1.3424	1.0450	0.8308
	农村	1.0665	0.8511	0.5782	0.6980	0.5717	0.4700

（二）饮用水

饮用水铅暴露以饮水为主，占饮用水铅暴露的 99% 以上，其次为用水（表 5-41）；调查人群饮用水铅暴露贡献比大连城市高于农村，其他地区农村高于城市；男性总体高于女性；调查人群饮用水铅暴露贡献比太原最高（表 5-46）。

表 5-46　不同地区、城乡、性别和年龄饮用水铅暴露贡献比

单位：%

地区		男			女		
		18 岁～	45 岁～	60 岁～	18 岁～	45 岁～	60 岁～
太原	城市	4.8581	6.8319	6.4023	5.1760	5.3222	5.5551
	农村	13.4337	7.5849	11.1262	9.9611	7.7799	10.5802
大连	城市	1.5662	1.9782	1.1589	1.6406	1.8696	2.0982
	农村	0.9059	0.9800	1.2015	0.9242	1.1245	1.3609
上海	城市	1.5258	1.5187	1.5352	1.7804	1.6595	1.4786
	农村	2.1090	2.1311	1.9463	2.2171	1.9034	1.5991
武汉	城市	3.4960	4.5047	3.8368	3.2672	3.5915	2.7283
	农村	4.1554	3.2737	3.4946	4.7300	3.0603	3.0860
成都	城市	0.3354	0.3436	0.3224	0.2956	0.2648	0.3298
	农村	0.3492	0.3426	0.3423	0.3398	0.3447	0.3543
兰州	城市	1.5839	1.5060	1.7282	1.3720	1.5260	1.4971
	农村	5.2639	6.2280	4.2721	4.4801	2.9593	3.4878

1. 饮水

调查人群饮水铅暴露贡献比大连城市高于农村，其他地区均为农村高于城市；男性总体高于女性。调查人群饮水铅暴露贡献比太原最高（表 5-47）。

表 5-47　不同地区、城乡、性别和年龄饮水铅暴露贡献比

单位：%

地区		男			女		
		18 岁～	45 岁～	60 岁～	18 岁～	45 岁～	60 岁～
太原	城市	4.8581	6.8319	6.4023	5.1760	5.3222	5.5551
	农村	13.4337	7.5849	11.1262	9.9611	7.7799	10.5802
大连	城市	1.5662	1.9782	1.1589	1.6406	1.8696	2.0982
	农村	0.9059	0.9800	1.2015	0.9242	1.1245	1.3609
上海	城市	1.5258	1.5187	1.5352	1.7804	1.6595	1.4786
	农村	2.1090	2.1311	1.9463	2.2171	1.9034	1.5991
武汉	城市	3.4960	4.5047	3.8368	3.2672	3.5915	2.7283
	农村	4.1554	3.2737	3.4946	4.7300	3.0603	3.0860
成都	城市	0.3354	0.3436	0.3224	0.2956	0.2648	0.3298
	农村	0.3492	0.3426	0.3423	0.3398	0.3447	0.3543
兰州	城市	1.5839	1.5060	1.7282	1.3720	1.5260	1.4971
	农村	5.2639	6.2280	4.2721	4.4801	2.9593	3.4878

2. 用水

城市与农村调查人群用水铅暴露贡献比较低，小于十万分之一（表 5-48）。

表 5-48　不同地区、城乡、性别和年龄用水铅暴露贡献比

单位：$\times 10^{-2}$‰

地区		男			女		
		18 岁～	45 岁～	60 岁～	18 岁～	45 岁～	60 岁～
太原	城市	0.0215	0.0235	0.0266	0.0241	0.0191	0.0248
	农村	0.0265	0.0212	0.0338	0.0305	0.0191	0.0310
大连	城市	0.0060	0.0105	0.0071	0.0069	0.0068	0.0112
	农村	0.0032	0.0033	0.0040	0.0035	0.0032	0.0042

地区		男			女		
		18 岁~	45 岁~	60 岁~	18 岁~	45 岁~	60 岁~
上海	城市	0.0039	0.0033	0.0038	0.0037	0.0035	0.0034
	农村	0.0039	0.0036	0.0046	0.0048	0.0037	0.0031
武汉	城市	0.0107	0.0113	0.0095	0.0105	0.0113	0.0095
	农村	0.0214	0.0138	0.0094	0.0196	0.0114	0.0099
成都	城市	0.0006	0.0006	0.0008	0.0005	0.0004	0.0005
	农村	0.0006	0.0004	0.0005	0.0004	0.0005	0.0004
兰州	城市	0.0028	0.0027	0.0020	0.0025	0.0026	0.0017
	农村	0.0044	0.0069	0.0029	0.0051	0.0049	0.0039

（三）土壤

土壤铅暴露以经消化道为主，占土壤铅暴露的 88.21%以上，其次为经皮肤和经呼吸道（表 5-2）。调查人群土壤铅暴露贡献比农村高于城市；男性总体高于女性；调查人群土壤铅暴露贡献比总体兰州最高（表 5-49）。

表 5-49 不同地区、城乡、性别和年龄土壤铅暴露贡献比

单位：%

地区		男			女		
		18 岁~	45 岁~	60 岁~	18 岁~	45 岁~	60 岁~
太原	城市	0.0047	0.2591	0.0037	0.0032	0.0028	0.0028
	农村	4.3475	5.4292	6.5642	4.4963	3.6511	3.1706
大连	城市	0.0008	0.0007	0.0006	0.0006	0.0993	0.1776
	农村	1.2598	1.1249	1.6544	0.8528	1.5754	2.0903
上海	城市	0.1517	0.1728	0.0007	0.0791	0.0735	0.0932
	农村	0.5333	1.0976	1.0641	0.2703	0.9188	1.5318
武汉	城市	0.0461	0.0986	0.3672	0.0468	0.0771	0.3100
	农村	2.2012	3.2785	4.1875	3.9188	3.6671	3.4488
成都	城市	0.0676	0.0004	0.0004	0.0272	0.1397	0.4015
	农村	0.9739	0.9872	0.8196	0.9162	1.2034	0.5749
兰州	城市	0.8605	0.4359	0.0016	0.3146	0.0013	0.3132
	农村	4.5844	7.0978	3.8777	4.7299	5.6304	3.6957

1．经呼吸道

调查人群土壤铅经呼吸道暴露贡献比较低，均小于万分之一（表 5-50）。

表 5-50　不同地区、城乡、性别和年龄土壤铅经呼吸道暴露贡献比

单位：‰₀

地区		男			女		
		18 岁～	45 岁～	60 岁～	18 岁～	45 岁～	60 岁～
太原	城市	0.4743	0.4225	0.3688	0.3241	0.2798	0.2774
	农村	0.3895	0.3750	0.3218	0.2859	0.2883	0.2519
大连	城市	0.0787	0.0697	0.0605	0.0568	0.0517	0.0544
	农村	0.0465	0.0425	0.0433	0.0328	0.0347	0.0374
上海	城市	0.0843	0.0788	0.0666	0.0557	0.0526	0.0506
	农村	0.0807	0.0789	0.0613	0.0603	0.0519	0.0559
武汉	城市	0.1020	0.0869	0.0754	0.0772	0.0741	0.0588
	农村	0.1506	0.1372	0.1160	0.1300	0.1108	0.0841
成都	城市	0.0474	0.0409	0.0351	0.0307	0.0284	0.0299
	农村	0.0356	0.0334	0.0284	0.0255	0.0260	0.0224
兰州	城市	0.2426	0.1892	0.1592	0.1404	0.1339	0.1259
	农村	0.1546	0.1762	0.1174	0.1282	0.1023	0.1054

2．经消化道

调查人群土壤铅经消化道暴露贡献比农村高于城市，调查人群土壤铅经消化道暴露贡献比总体上兰州最高（表 5-51）。

表 5-51　不同地区、城乡、性别和年龄土壤铅经消化道暴露贡献比

单位：%

地区		男			女		
		18 岁～	45 岁～	60 岁～	18 岁～	45 岁～	60 岁～
太原	城市	—	0.2474	—	—	—	—
	农村	3.9499	5.0337	6.0896	4.1951	3.4151	3.0145
大连	城市	—	—	—	—	0.0974	0.1752
	农村	1.1667	1.0387	1.5435	0.7963	1.4706	1.9635
上海	城市	0.1500	0.1701	—	0.0777	0.0726	0.0925

地区		男			女		
		18 岁～	45 岁～	60 岁～	18 岁～	45 岁～	60 岁～
武汉	农村	0.5245	1.0890	1.0527	0.2684	0.9113	1.5229
	城市	0.0445	0.0977	0.3639	0.0452	0.0762	0.3079
成都	农村	2.1228	3.1543	4.0561	3.8244	3.5712	3.3697
	城市	0.0662	—		0.0267	0.1389	0.3975
兰州	农村	0.8995	0.9198	0.7696	0.8631	1.1227	0.5497
	城市	0.7991	0.4025	—	0.3091	—	0.3097
	农村	4.2148	6.5265	3.5847	4.4193	5.2178	3.4487

注："—"为无土壤接触行为的人。

3. 经皮肤

调查人群土壤铅暴露经皮肤贡献比农村高于城市，男性总体高于女性，调查人群土壤铅经皮肤暴露贡献比总体上兰州最高（表 5-52）。

表 5-52　不同地区、城乡、性别和年龄土壤铅经皮肤暴露贡献比

单位：‰

地区		男			女		
		18 岁～	45 岁～	60 岁～	18 岁～	45 岁～	60 岁～
太原	城市	—	0.7434	—	—	—	—
	农村	39.3712	39.1789	47.1372	29.8300	23.3210	15.3660
大连	城市	—	—	—	—	0.1346	0.1927
	农村	9.2664	8.5768	11.0504	5.6175	10.4430	12.6403
上海	城市	0.0885	0.1964	—	0.0804	0.0445	0.0156
	农村	0.8001	0.7795	1.0741	0.1318	0.7017	0.8327
武汉	城市	0.0630	0.0110	0.2474	0.0793	0.0160	0.1486
	农村	7.6844	12.2836	13.0261	9.3129	9.4791	7.8256
成都	城市	0.0911	—		0.0187	0.0533	0.3707
	农村	7.3964	6.7038	4.9768	5.2820	8.0426	2.5002
兰州	城市	5.8948	3.1512		0.4085	—	0.2259
	农村	36.8130	56.9567	29.1801	30.9282	41.1491	24.5856

注："—"为无土壤接触行为的人。

（四）膳食

调查人群膳食铅暴露贡献比城市高于农村，女性总体高于男性；调查人群膳食铅暴露贡献比成都最高（表 5-53）。

表 5-53　不同地区、城乡、性别和年龄膳食铅暴露贡献比

单位：%

地区		男			女		
		18 岁～	45 岁～	60 岁～	18 岁～	45 岁～	60 岁～
太原	城市	94.5227	92.3860	93.1938	94.4142	94.3294	94.1330
	农村	81.5479	86.3093	81.7463	85.0857	88.0151	85.8175
大连	城市	98.3888	97.9821	98.8031	98.3261	97.9977	97.6840
	农村	97.7682	97.8346	97.0839	98.1758	97.2506	96.4900
上海	城市	98.2937	98.2824	98.4424	98.1219	98.2497	98.4117
	农村	97.3209	96.7337	96.9633	97.4837	97.1536	96.8445
武汉	城市	96.3046	95.2635	95.6833	96.5701	96.2172	96.8767
	农村	93.4446	93.2621	92.1623	91.1747	93.1239	93.3538
成都	城市	99.5635	99.6264	99.6581	99.6532	99.5726	99.2453
	农村	98.6573	98.6510	98.8206	98.7287	98.4364	99.0566
兰州	城市	97.3121	97.8721	98.1230	98.1715	98.3389	98.0717
	农村	89.9896	86.4844	91.7286	90.6566	91.2994	92.7084

五、铬

铬环境暴露介质贡献比膳食最高，其次为饮用水和土壤，空气最低。膳食铬暴露贡献比城市成都最高、农村兰州最高，土壤铬暴露贡献比城市上海最高、农村太原最高，空气铬暴露贡献比上海最高，饮用水铬暴露贡献比太原最高（表 5-54）。

表 5-54　不同地区、城乡铬各环境暴露介质贡献比

单位：%

地区		合计	空气				饮用水			土壤				膳食
			小计	室内	室外	交通	小计	饮水	用水	小计	经呼吸道	经消化道	经皮肤	
太原	城市	100	0.0266	0.0037	0.0140	0.0089	11.5932	11.5910	0.0022	0.0408	0.0038	0.0359	0.0011	88.3395
	农村	100	0.0683	0.0027	0.0649	0.0007	21.4079	21.4052	0.0026	5.1512	0.0033	4.7822	0.3656	73.3727
大连	城市	100	0.0312	0.0308	0.0004	0.0001	0.2377	0.2377	<0.0001	0.0158	0.0001	0.0155	0.0002	99.7152
	农村	100	0.0316	0.0311	0.0004	0.0001	0.4524	0.4523	0.0001	0.3549	0.0001	0.3302	0.0247	99.1611
上海	城市	100	0.0702	0.0624	0.0047	0.0031	0.3531	0.3531	<0.0001	0.1209	0.0008	0.1193	0.0008	99.4557
	农村	100	0.1208	0.1079	0.0092	0.0037	0.5953	0.5953	0.0001	1.6007	0.0012	1.5866	0.0129	97.6831
武汉	城市	100	0.0469	0.0451	0.0014	0.0004	8.3134	8.3122	0.0012	0.0851	0.0004	0.0842	0.0005	91.5546
	农村	100	0.0304	0.0276	0.0021	0.0007	9.6428	9.6411	0.0017	2.2100	0.0007	2.1461	0.0632	88.1168
成都	城市	100	0.0183	0.0153	0.0026	0.0004	0.1574	0.1574	<0.0001	0.0509	0.0002	0.0502	0.0005	99.7734
	农村	100	0.0150	0.0106	0.0040	0.0004	1.8790	1.8788	0.0002	0.7001	0.0002	0.6536	0.0463	97.4059
兰州	城市	100	0.0015	0.0009	0.0004	0.0001	0.2927	0.2927	<0.0001	0.0310	0.0002	0.0294	0.0015	99.6749
	农村	100	0.0010	0.0006	0.0003	0.0001	0.2636	0.2636	<0.0001	0.5430	0.0001	0.5022	0.0407	99.1924

（一）空气

空气铬暴露太原以室外空气为主，占空气铬暴露的 52%以上，其他地区以室内空气为主，平均占空气铬暴露的 71%以上（表 5-54），调查人群空气铬暴露贡献

比男性高于女性，60 岁及以上年龄段人群最低。调查人群空气铬暴露贡献比上海最高（表 5-55）。

表 5-55　不同地区、城乡、性别和年龄空气铬暴露贡献比

单位：%

地区		男			女		
		18 岁～	45 岁～	60 岁～	18 岁～	45 岁～	60 岁～
太原	城市	0.0366	0.0330	0.0231	0.0249	0.0232	0.0176
	农村	0.0879	0.0844	0.0726	0.0529	0.0604	0.0561
大连	城市	0.0392	0.0312	0.0277	0.0272	0.0253	0.0288
	农村	0.0375	0.0349	0.0355	0.0271	0.0268	0.0265
上海	城市	0.0870	0.1014	0.0706	0.0592	0.0564	0.0526
	农村	0.1617	0.1297	0.1198	0.1108	0.1037	0.0922
武汉	城市	0.0590	0.0517	0.0476	0.0494	0.0416	0.0347
	农村	0.0482	0.0343	0.0300	0.0311	0.0278	0.0224
成都	城市	0.0215	0.0190	0.0135	0.0168	0.0146	0.0151
	农村	0.0186	0.0167	0.0150	0.0136	0.0124	0.0114
兰州	城市	0.0020	0.0017	0.0014	0.0013	0.0014	0.0010
	农村	0.0012	0.0012	0.0009	0.0009	0.0008	0.0007

1. 室内空气

调查人群室内空气铬暴露贡献比大连和上海农村高于城市，其他地区城市高于农村，男性高于女性，60 岁及以上年龄段人群最低。调查人群室内空气铬暴露贡献比上海最高（表 5-56）。

表 5-56　不同地区、城乡、性别和年龄室内空气铬暴露贡献比

单位：‰

地区		男			女		
		18 岁～	45 岁～	60 岁～	18 岁～	45 岁～	60 岁～
太原	城市	0.4786	0.3871	0.3907	0.3342	0.3030	0.3014
	农村	0.3440	0.3007	0.2786	0.2486	0.2382	0.2181
大连	城市	3.8705	3.0774	2.7138	2.6742	2.4919	2.8563
	农村	3.6905	3.4343	3.5039	2.6746	2.6404	2.6154

地区		男			女		
		18 岁～	45 岁～	60 岁～	18 岁～	45 岁～	60 岁～
上海	城市	7.7027	9.0790	6.3316	5.2476	5.0453	4.7234
	农村	14.4395	11.5611	10.7923	9.8339	9.2604	8.3012
武汉	城市	5.6542	4.9519	4.5894	4.7418	4.0329	3.3365
	农村	4.3621	3.0928	2.7374	2.8600	2.4798	2.0451
成都	城市	1.7610	1.5948	1.1654	1.4047	1.2692	1.3450
	农村	1.3013	1.1527	1.1022	0.9474	0.8885	0.8244
兰州	城市	0.1313	0.1138	0.0822	0.0838	0.0941	0.0679
	农村	0.0685	0.0770	0.0591	0.0581	0.0521	0.0490

2. 室外空气

调查人群室外空气铬暴露贡献比兰州城市高于农村，其他地区农村高于城市，男性高于女性，60 岁及以上年龄段人群最低。调查人群室外空气铬暴露贡献比太原最高（表 5-57）。

表 5-57　不同地区、城乡、性别和年龄室外空气铬暴露贡献比

单位：‰

地区		男			女		
		18 岁～	45 岁～	60 岁～	18 岁～	45 岁～	60 岁～
太原	城市	1.8730	1.8988	1.1800	1.3233	1.1891	0.9357
	农村	8.3385	8.0476	6.9129	4.9877	5.7427	5.3379
大连	城市	0.0412	0.0396	0.0513	0.0365	0.0350	0.0188
	农村	0.0530	0.0470	0.0416	0.0332	0.0318	0.0269
上海	城市	0.5989	0.6615	0.4339	0.4066	0.3628	0.3050
	农村	1.3351	0.8986	0.8401	0.9187	0.8111	0.6792
武汉	城市	0.1846	0.1687	0.1398	0.1558	0.0895	0.0974
	农村	0.3284	0.2434	0.1886	0.1957	0.2335	0.1475
成都	城市	0.3323	0.2753	0.1694	0.2351	0.1668	0.1505
	农村	0.5005	0.4656	0.3480	0.3819	0.3195	0.2817
兰州	城市	0.0537	0.0422	0.0444	0.0341	0.0319	0.0271
	农村	0.0355	0.0325	0.0250	0.0229	0.0241	0.0168

3. 交通空气

调查人群交通空气铬暴露贡献比上海农村高于城市，其他地区城市高于农村，男性高于女性，60 岁及以上年龄段人群最低。其中，城市调查人群交通空气铬暴露贡献比太原最高，农村调查人群交通空气铬暴露贡献比上海最高（表 5-58）。

表 5-58　不同地区、城乡、性别和年龄交通空气铬暴露贡献比

单位：‰

地区		男			女		
		18 岁～	45 岁～	60 岁～	18 岁～	45 岁～	60 岁～
太原	城市	1.3082	1.0134	0.7370	0.8368	0.8261	0.5208
	农村	0.1085	0.0926	0.0726	0.0567	0.0587	0.0532
大连	城市	0.0075	0.0071	0.0061	0.0055	0.0052	0.0044
	农村	0.0108	0.0062	0.0068	0.0065	0.0051	0.0045
上海	城市	0.3973	0.3981	0.2939	0.2677	0.2337	0.2324
	农村	0.3985	0.5138	0.3441	0.3254	0.2986	0.2355
武汉	城市	0.0603	0.0463	0.0333	0.0465	0.0352	0.0315
	农村	0.1324	0.0926	0.0759	0.0588	0.0633	0.0479
成都	城市	0.0589	0.0293	0.0130	0.0357	0.0270	0.0168
	农村	0.0600	0.0512	0.0497	0.0321	0.0294	0.0348
兰州	城市	0.0196	0.0175	0.0115	0.0136	0.0113	0.0082
	农村	0.0157	0.0114	0.0090	0.0088	0.0086	0.0067

（二）饮用水

饮用水铬暴露以饮水为主，占饮用水铬暴露的 99% 以上，其次为用水（表 5-54）。调查人群饮用水铬暴露贡献比均为农村高于城市；男性总体高于女性；调查人群饮用水铬暴露贡献比太原最高（表 5-59）。

表 5-59 不同地区、城乡、性别和年龄饮用水铬暴露贡献比

单位：%

地区		男			女		
		18 岁～	45 岁～	60 岁～	18 岁～	45 岁～	60 岁～
太原	城市	11.3070	13.0006	10.3553	13.1448	11.5585	9.9037
	农村	22.9266	21.8156	21.5957	20.5161	22.2486	19.3317
大连	城市	0.2558	0.2645	0.1701	0.2506	0.2462	0.2146
	农村	0.4283	0.4798	0.5306	0.4316	0.4256	0.4662
上海	城市	0.3345	0.4176	0.3422	0.3677	0.3564	0.3366
	农村	0.6603	0.5654	0.6135	0.6105	0.6050	0.4844
武汉	城市	8.2248	9.9728	9.8633	7.4393	8.0778	7.3123
	农村	8.8553	9.4801	10.4897	9.7639	9.8811	8.6565
成都	城市	0.1663	0.1678	0.1601	0.1520	0.1371	0.1540
	农村	1.9215	1.8114	1.9578	1.9424	1.7500	1.8790
兰州	城市	0.2798	0.2920	0.3440	0.2439	0.3004	0.2860
	农村	0.3038	0.3740	0.2687	0.2414	0.1825	0.2033

1. 饮水

调查人群饮水铬暴露贡献比均为农村高于城市；男性总体高于女性。调查人群饮水铬暴露贡献比太原最高（表 5-60）。

表 5-60 不同地区、城乡、性别和年龄饮水铬暴露贡献比

单位：%

地区		男			女		
		18 岁～	45 岁～	60 岁～	18 岁～	45 岁～	60 岁～
太原	城市	11.3046	12.9984	10.3533	13.1424	11.5566	9.9016
	农村	22.9241	21.8128	21.5929	20.5133	22.2463	19.3289
大连	城市	0.2557	0.2644	0.1700	0.2506	0.2461	0.2146
	农村	0.4282	0.4797	0.5305	0.4315	0.4256	0.4661
上海	城市	0.3345	0.4176	0.3421	0.3676	0.3564	0.3365
	农村	0.6603	0.5654	0.6134	0.6104	0.6049	0.4844
武汉	城市	8.2237	9.9715	9.8621	7.4379	8.0765	7.3111
	农村	8.8531	9.4781	10.4883	9.7617	9.8794	8.6551

地区		男			女		
		18 岁～	45 岁～	60 岁～	18 岁～	45 岁～	60 岁～
成都	城市	0.1662	0.1678	0.1601	0.1520	0.1370	0.1540
	农村	1.9213	1.8113	1.9576	1.9423	1.7499	1.8788
兰州	城市	0.2798	0.2919	0.3440	0.2439	0.3003	0.2860
	农村	0.3038	0.3740	0.2687	0.2413	0.1825	0.2033

2. 用水

调查人群用水铬暴露贡献比较低，小于万分之一（表 5-61）。

表 5-61　不同地区、城乡、性别和年龄用水铬暴露贡献比

单位：‰

地区		男			女		
		18 岁～	45 岁～	60 岁～	18 岁～	45 岁～	60 岁～
太原	城市	0.2402	0.2195	0.2006	0.2471	0.1930	0.2081
	农村	0.2528	0.2800	0.2737	0.2760	0.2302	0.2856
大连	城市	0.0047	0.0066	0.0048	0.0049	0.0043	0.0051
	农村	0.0076	0.0075	0.0085	0.0082	0.0058	0.0066
上海	城市	0.0039	0.0037	0.0046	0.0034	0.0038	0.0041
	农村	0.0057	0.0049	0.0068	0.0076	0.0053	0.0048
武汉	城市	0.1113	0.1302	0.1200	0.1350	0.1288	0.1227
	农村	0.2176	0.1994	0.1404	0.2111	0.1698	0.1343
成都	城市	0.0013	0.0013	0.0018	0.0011	0.0011	0.0012
	农村	0.0195	0.0129	0.0188	0.0180	0.0101	0.0162
兰州	城市	0.0025	0.0024	0.0019	0.0022	0.0024	0.0016
	农村	0.0022	0.0027	0.0015	0.0023	0.0024	0.0016

（三）土壤

土壤铬暴露以经消化道为主，占土壤铬暴露的 87.99% 以上，其次为经皮肤和经呼吸道（表 5-54）。调查人群土壤铬暴露贡献比农村高于城市；男性总体高于女性；城市调查人群土壤铬暴露贡献比总体上上海最高，农村调查人群土壤铬暴露贡献比太原最高（表 5-62）。

表 5-62　不同地区、城乡、性别和年龄土壤铬暴露贡献比

单位：%

地区		男			女		
		18 岁～	45 岁～	60 岁～	18 岁～	45 岁～	60 岁～
太原	城市	0.0049	0.2706	0.0041	0.0033	0.0031	0.0031
	农村	5.0976	6.0638	7.3321	4.7884	3.7433	3.7438
大连	城市	0.0001	0.0001	0.0001	0.0001	0.0328	0.0554
	农村	0.3402	0.3399	0.4463	0.2383	0.4032	0.4621
上海	城市	0.1750	0.2003	0.0008	0.0908	0.0841	0.1063
	农村	0.9372	1.9297	1.8716	0.6738	1.6137	2.8293
武汉	城市	0.0226	0.0482	0.1851	0.0235	0.0405	0.1607
	农村	1.4669	1.9504	2.5869	1.7186	2.4911	2.2572
成都	城市	0.0440	0.0003	0.0002	0.0177	0.0909	0.2614
	农村	0.7467	0.7514	0.6303	0.5758	1.0089	0.4448
兰州	城市	0.0971	0.0154	0.0002	0.0345	0.0001	0.0343
	农村	0.5796	0.7149	0.4743	0.4967	0.6739	0.3648

1. 经呼吸道

调查人群土壤铬经呼吸道暴露贡献比较低，小于十万分之一（表 5-63）。

表 5-63　不同地区、城乡、性别和年龄土壤铬经呼吸道暴露贡献比

单位：‰

地区		男			女		
		18 岁～	45 岁～	60 岁～	18 岁～	45 岁～	60 岁～
太原	城市	0.4869	0.4017	0.4139	0.3322	0.3123	0.3082
	农村	0.4234	0.3875	0.3462	0.3020	0.2937	0.2783
大连	城市	0.0150	0.0135	0.0116	0.0108	0.0100	0.0095
	农村	0.0127	0.0118	0.0117	0.0090	0.0087	0.0085
上海	城市	0.1002	0.1100	0.0770	0.0710	0.0609	0.0578
	农村	0.1646	0.1297	0.1206	0.1115	0.1043	0.0887
武汉	城市	0.0493	0.0425	0.0384	0.0396	0.0313	0.0294
	农村	0.1027	0.0828	0.0698	0.0701	0.0654	0.0512

地区		男			女		
		18 岁～	45 岁～	60 岁～	18 岁～	45 岁～	60 岁～
成都	城市	0.0306	0.0264	0.0227	0.0212	0.0175	0.0177
	农村	0.0280	0.0243	0.0225	0.0194	0.0190	0.0173
兰州	城市	0.0209	0.0177	0.0163	0.0133	0.0135	0.0116
	农村	0.0187	0.0180	0.0149	0.0132	0.0124	0.0119

2. 经消化道

调查人群土壤铬经消化道暴露贡献比农村高于城市，城市调查人群土壤铬经消化道暴露贡献比总体上海最高，农村调查人群土壤铬经消化道暴露贡献比太原最高（表 5-64）。

表 5-64　不同地区、城乡、性别和年龄土壤铬经消化道暴露贡献比

单位：‰

地区		男			女		
		18 岁～	45 岁～	60 岁～	18 岁～	45 岁～	60 岁～
太原	城市	—	25.8839	—	—	—	—
	农村	463.110	560.601	678.781	446.852	348.822	355.718
大连	城市	—	—	—	—	3.2242	5.4596
	农村	31.4295	31.4446	41.6315	22.2443	37.4229	43.4147
上海	城市	17.2974	19.6879	—	8.9155	8.3025	10.5528
	农村	92.1540	191.469	185.141	66.9086	160.031	281.237
武汉	城市	2.1762	4.7698	18.3403	2.2709	4.0095	15.9585
	农村	141.424	187.829	250.479	167.576	242.647	220.554
成都	城市	4.3104			1.7355	9.0373	25.8798
	农村	68.9506	69.9978	59.1916	53.8034	94.3335	42.5280
兰州	城市	9.0166	1.4116	—	3.3894	—	3.3909
	农村	53.2245	65.7911	43.8094	46.4707	62.4505	33.8965

注："—" 为无土壤接触行为的人。

3. 经皮肤

调查人群土壤铬暴露经皮肤贡献比农村高于城市，男性总体高于女性，城市调查人群男性土壤铬经皮肤暴露贡献比总体上兰州最高，女性总体上上海最高，农村调查人群土壤铬经皮肤暴露贡献比太原最高（表 5-65）。

表 5-65 不同地区、城乡、性别和年龄土壤铬经皮肤暴露贡献比

单位：‰

地区		男			女		
		18 岁～	45 岁～	60 岁～	18 岁～	45 岁～	60 岁～
太原	城市	—	0.7777	—	—	—	—
	农村	46.2222	45.3957	54.0876	31.6812	25.2141	18.3847
大连	城市	—	—	—	0.0445	0.0758	
	农村	2.5743	2.5337	2.9842	1.5728	2.8882	2.7857
上海	城市	0.1019	0.2274	—	0.0923	0.0509	0.0178
	农村	1.4032	1.3707	1.8948	0.3614	1.2329	1.6043
武汉	城市	0.0308	0.0054	0.1266	0.0398	0.0084	0.0775
	农村	5.1584	7.1298	8.1415	4.2102	6.3984	5.1183
成都	城市	0.0593	—	—	0.0122	0.0347	0.2413
	农村	5.6947	5.1130	3.8195	3.7588	6.5390	1.9317
兰州	城市	0.6720	0.1105	—	0.0448	—	0.0247
	农村	4.7158	5.6782	3.6049	3.1833	4.9241	2.5756

注："—"为无土壤接触行为的人。

（四）膳食

调查人群膳食铬暴露贡献比城市高于农村，女性总体高于男性；城市调查人群膳食铬暴露贡献比总体上成都最高，农村总体上大连最高（表 5-66）。

表 5-66 不同地区、城乡、性别和年龄膳食铬暴露贡献比

单位：%

地区		男			女		
		18 岁～	45 岁～	60 岁～	18 岁～	45 岁～	60 岁～
太原	城市	88.6516	86.6958	89.6175	86.8269	88.4152	90.0757
	农村	71.8879	72.0361	70.9996	74.6427	73.9477	76.8684

地区		男			女		
		18 岁～	45 岁～	60 岁～	18 岁～	45 岁～	60 岁～
大连	城市	99.7049	99.7042	99.8021	99.7221	99.6957	99.7011
	农村	99.1940	99.1454	98.9876	99.3030	99.1444	99.0452
上海	城市	99.4035	99.2807	99.5865	99.4823	99.5030	99.5045
	农村	98.2407	97.3752	97.3952	98.6049	97.6776	96.5941
武汉	城市	91.6936	89.9274	89.9040	92.4878	91.8401	92.4924
	农村	89.6296	88.5352	86.8934	88.4864	87.6001	89.0639
成都	城市	99.7682	99.8129	99.8262	99.8135	99.7574	99.5694
	农村	97.3132	97.4206	97.3969	97.4681	97.2287	97.6648
兰州	城市	99.6210	99.6909	99.6544	99.7203	99.6981	99.6787
	农村	99.1154	98.9099	99.2561	99.2611	99.1427	99.4312

第六章 讨 论

一、与国外相关研究的比较

环境总暴露研究方法有直接法和间接法两种[2]。前者主要基于抽样获得调查人群样本，直接测量其污染物暴露量，获得人群污染物环境总暴露水平；后者主要利用已有的环境监测和膳食调查等相关数据，结合人群环境暴露行为模式相关参数，估算人群污染物环境总暴露水平。

采用直接法开展环境总暴露研究能够直接获得调查对象和人群的环境总暴露水平以及各暴露介质和途径的贡献比，能够准确反映调查人群的实际暴露水平，但需投入大量的人力、物力及财力；采用间接法开展环境总暴露研究需要基于环境监测和膳食调查的基础数据，估算结果能够反映评价地区人群环境总暴露水平分布的一般性规律，但受监测区域和指标地区所限，能够评价的区域和污染物种类较少（表6-1和表6-2）。考虑到环境总暴露研究在我国尚属于起步探索阶段，汞、镉、砷、铅和铬大范围、系统性的环境暴露监测数据不足，本研究采用直接法探索我国人群环境总暴露水平及特征。与其他国家研究相比，本研究涉及暴露介质较全面（包括室外空气、室内空气、交通空气、饮水、用水、土壤和膳食），调查人群样本量相对较大，且调查人群及其各暴露介质具有时空一致性，可准确反映调查对象和人群的环境总暴露水平（表 6-3）。随着我国监测和调查能力的不断提升，未来可基于监测和调查数据采用间接法估算环境总暴露量，在有效整合、利用资源的基础上，获得更具代表性的研究结果。

从已有文献报道看（表 6-3），汞、镉、砷、铅、铬环境总暴露量以膳食为主，其次为饮用水、土壤和空气，与美国、日本等国家环境总暴露研究结果的规律基本一致。但因暴露介质种类、调查时段、人群特征以及环境质量等方面的差异，我国环境总暴露调查获取的暴露介质贡献比与其他各国有所不同，迫切需要结合我国实际持续开展人群环境总暴露研究，服务于以风险防控为导向的环境管理工作。

表 6-1　环境总暴露研究方法对比

方法	所需资料	资料获取方法	优点	缺点
直接法	人口分布 暴露介质浓度 人群暴露参数	现场实测 问卷调查	（1）可根据实际工作需要进行研究设计，抽样操作过程要求严格 （2）人群和暴露介质监测有时空一致性 （3）调查结果能够同时评价地区人群环境暴露的一般规律和调查人群个体的环境总暴露实际水平	（1）工作量大、耗时费力、需大量经费支持 （2）在人群环境暴露底数不清楚的情况下，地区抽样难以做到概率抽样
间接法	人口分布 环境监测数据 膳食调查数据 人群暴露参数	数据资料收集整理	省时省力，研究结果能够反映评价地区人群环境总暴露的一般性规律	（1）依赖于已有的监测或调查数据，大范围、具有时空一致性的人群和暴露介质监测数据难以获取 （2）暴露水平估算依赖于相关模型给评价结果带来一定的不确定性

表 6-2 国内外相关研究设计对比

国家	研究时间	暴露介质	污染物	研究对象及人数	方法
美国	1979—1980 年[3]	环境空气、饮水、膳食、室内积尘	VOCs PCBs	成人、12 人	直接法
	1980—1984 年[15]	环境空气、室内空气、饮水	VOCs	成人、350 人	
	1984 年[15]	环境空气、室内空气、饮水	VOCs	成人、200 人	
	2002 年[4]	环境空气、饮水、土壤、膳食	无机砷	16～59 岁人群	间接法
	2003—2004 年[17]	膳食、饮水	无机砷、总砷	6 岁及以上人群	
英国	2000 年[18]	环境空气、水、土壤、膳食	铬	0～12 岁及成人	
法国	2007—2009 年[9]	环境空气、饮水、土壤、饮食、室内积尘	砷、镉、铬、铜、铅等	3～6 岁	
日本	2003 年[5]	环境空气、饮水、土壤、膳食	砷	成人	
	2010 年[19]	饮水、膳食	砷、铅、镉、铬	成人	
韩国	2003 年[20]	空气、土壤、膳食	铅	成人	
伊朗	2010 年[21]	水、土壤、食材（土豆、小麦）	汞、镉、铅、铬、硒、镍	全人群	直接法和间接法
中国	2016—2017 年	室外空气、室内空气、交通干道空气、饮水、用水、土壤、膳食	汞、镉、砷、铅、铬	18 岁及以上成人、3855 人	直接法

表 6-3 不同暴露介质贡献比国内外研究结果比较

单位：%

国家	研究时间	类别	性别	膳食	饮水	用水	土壤	空气
美国	2002 年[4]	无机砷	女	53.0	45.3	—	1.3	0.4
			男	56.3	42.2	—	1.1	0.4
	2003—2004 年[17]	无机砷	—	79.2	21.8	—	—	—
		总砷	—	94.3	5.7			

国家	研究时间	类别	性别	膳食	饮水	用水	土壤	空气
英国	2000 年[18]	铬	—	96.17	1.33	—	2.44	0.06
日本	2003 年[5]	砷	—	94.6	3.9	—	1.3	0.1
韩国	2003 年[20]	铅	—	97.4	—	—	0.5	2.1
伊朗	2010 年[21]	汞	女	96.3608	3.6171	0.0022	0.0198	—
			男	96.3621	3.6158	0.0022	0.0199	—
		镉	女	99.4597	0.3694	0.0002	0.1706	—
			男	99.4711	0.3586	0.0002	0.1701	—
		铅	女	97.5890	1.2248	0.0001	1.1861	—
			男	97.5674	1.2407	0.0001	1.1919	—
		铬	女	98.4922	0.3337	0.0002	1.1739	—
			男	98.4398	0.3413	0.0002	1.2188	—
中国	2016—2017 年	汞	合计	93.7960	6.1315	0.0004	0.0669	0.0052
			女	94.3078	5.6312	0.0003	0.0563	0.0044
			男	93.2482	6.6671	0.0004	0.0783	0.0061
		镉	合计	97.4899	2.3384	0.0001	0.1372	0.0343
			女	97.7972	2.0547	0.0001	0.1191	0.0289
			男	97.1611	2.6421	0.0001	0.1566	0.0401
		砷	合计	87.8102	8.8334	0.0009	3.0937	0.2619
			女	88.9106	8.2458	0.0009	2.6264	0.2163
			男	86.6323	9.4623	0.0009	3.5939	0.3106
		铅	合计	95.4023	3.0356	<0.0001	1.4092	0.1529
			女	95.7752	2.8456	<0.0001	1.2488	0.1304
			男	95.0033	3.2389	<0.0001	1.5810	0.1769
		铬	合计	94.3592	4.7146	0.0007	0.8878	0.0377
			女	94.5995	4.6060	0.0007	0.7614	0.0324
			男	94.1021	4.8308	0.0007	1.0231	0.0434

二、环境总暴露水平差异性分析

（一）居民汞、镉、砷、铅和铬环境总暴露水平地区、城乡差异明显

1. 地区差异

各污染物环境总暴露水平呈现明显的地区差异。汞、镉、砷、铅和铬环境总暴露水平地区最高分别位于大连、成都、大连、成都和兰州，最低分别位于兰州、兰州、兰州、太原和太原，环境总暴露水平最高值与最低值的比分别为 7.57、10.31、37.64、22.14 和 23.13。自然地理、资源环境、产业结构、饮食习惯等因素可对不同地区居民的环境暴露行为模式、环境暴露介质污染物及其暴露水平产生较大影响，如船舶航运业和制造业等对水环境的污染以及水产品对汞较高的蓄积能力，导致水产品汞含量相对较高，尤其是近海捕捞鱼类[22,23]，本次调查地区大连水产品摄入量及其在膳食中的占比高于其他地区，故其膳食汞暴露水平和环境汞总暴露水平高于其他地区（图 6-1）。

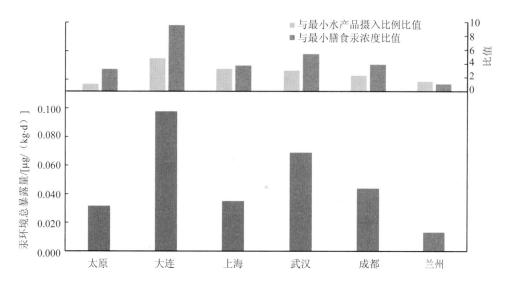

图 6-1 汞环境总暴露量与膳食浓度、水产品摄入的地区差异

2. 城乡差异

各污染物环境总暴露水平呈现明显的城乡差异。汞、镉、砷、铅和铬环境总暴露水平城市分别为农村的 0.46～1.51、0.62～1.35、0.74～1.65、0.64～1.34 和 0.85～1.59 倍。社会经济发展水平及人群环境暴露行为模式等因素可对同一地区城乡间环境暴露介质污染物暴露水平产生较大影响，如固体燃料燃烧可导致空气砷污染[24~26]，本次调查地区武汉城市不存在固体燃料烹饪，农村固体燃料烹饪比例为 48.30%，导致农村室内空气砷暴露水平高于城市；交通出行时间是影响居民交通出行空气暴露水平的重要因素，上海、太原、兰州城市居民交通出行时间分别是农村的 1.44、1.10 和 1.11 倍，导致城市交通空气铅和铬暴露水平高于农村（图 6-2）。

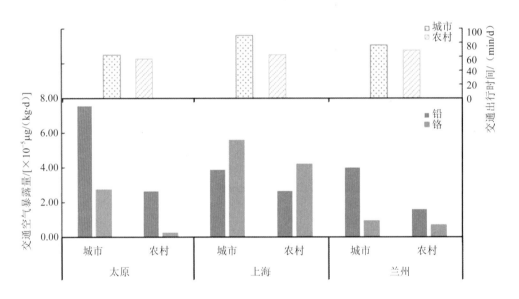

图 6-2　铅和铬交通空气暴露量与交通出行时间的城乡差异

（二）居民汞、镉、砷、铅和铬环境总暴露水平性别和年龄差异明显

各污染物环境总暴露水平呈现明显的性别和年龄差异。汞、镉、砷、铅和铬环境总暴露水平女性高于男性，分别为 1.16、1.16、1.18、1.13 和 1.11 倍；18～44 岁年龄段居民的环境总暴露水平总体最高。同一地区人群环境暴露行为模式可对不同性别和年龄段间环境暴露介质污染物暴露水平产生较大影响。如调查地区饮水汞暴

露水平与其饮水综合暴露系数呈一致性规律，室内空气汞暴露水平与其室内空气综合暴露系数呈一致性规律（图6-3和图6-4）。

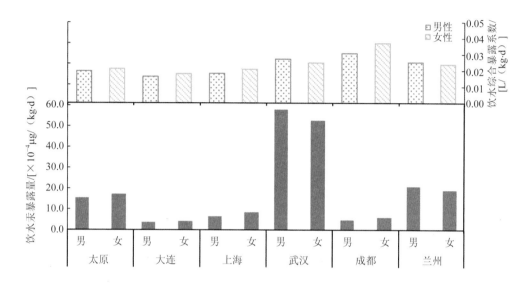

图6-3 饮水汞暴露量与饮水综合暴露系数的性别差异

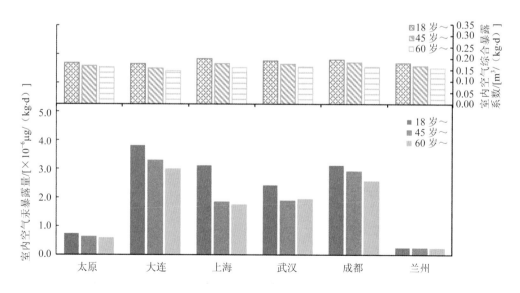

图6-4 不同地区、年龄调查居民室内空气汞暴露量及其综合暴露系数

（三）供暖方式、烹饪燃料类型以及饮水类型是影响各介质暴露水平的重要因素

1. 供暖方式

居民冬季室内空气暴露水平与供暖方式有关。如兰州地区存在集中供暖、土暖、燃煤炉、烧柴炉四种供暖方式，不同供暖方式下居民冬季室内空气砷暴露水平分别为 7.10×10^{-7}mg/(kg·d)、8.24×10^{-7}mg/(kg·d)、1.31×10^{-6}mg/(kg·d)和 1.22×10^{-6}mg/(kg·d)，集中供暖家庭冬季室内空气砷暴露水平低于其他供暖方式。

2. 烹饪燃料类型

居民室内空气暴露水平与烹饪燃料类型有关。如太原调查地区使用生物质、煤炭、天然气、电四种燃料烹饪，不同烹饪燃料类型下居民夏季室内空气砷暴露水平分别为 1.87×10^{-9}mg/(kg·d)、1.77×10^{-9}mg/(kg·d)、1.39×10^{-9}mg/(kg·d)和 1.29×10^{-9}mg/(kg·d)，使用固体燃料烹饪的家庭夏季室内空气暴露水平高于其他烹饪燃料类型。

3. 饮水类型

居民饮水暴露水平与饮水类型有关。如兰州调查地区存在集中供水、井水、窖水三种饮水类型，采用集中供水方式居民的饮水暴露量总体低于其他饮水类型（图6-5）。

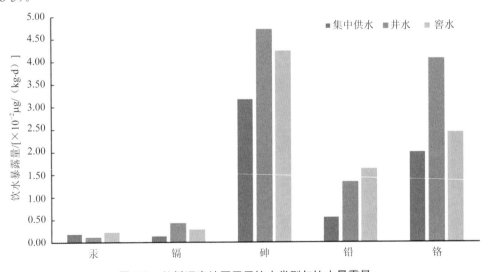

图 6-5 兰州调查地区居民饮水类型与饮水暴露量

三、环境总暴露研究结果的应用

环境总暴露研究在以健康风险防范为核心的环境管理中有广泛的应用价值，如：确定多途径、多介质的环境健康风险防控重点，制修订环境健康基准。美国通过环境总暴露研究发现人群室内空气污染暴露量远高于环境空气污染，由此开始加强室内空气污染防治，并着手制定室内甲醛浓度限值等；环境砷总暴露研究获得的饮水暴露贡献比，被用于美国国家砷水质基准制修订工作。欧盟针对人群农药环境总暴露研究发现，农药喷洒过程暴露贡献比较高，因此在农药多途径防控政策中考虑加强暴露途径和重点防护对象的评估[5]；加拿大关于三氯乙烯和四氯乙烯饮用水的暴露研究指出，饮用水水质标准的制定中需充分考虑污染物的多途径暴露[27]；日本关于铅、砷、镉等的总暴露相关研究提出，饮用水质量标准制定时应考虑膳食中饮用水的贡献比[19]。基于本研究，以专栏 1 和专栏 2 为例，说明环境总暴露研究对环境管理的支撑作用。

专栏 1　环境健康风险管理防控重点确定

目的： 以室内、室外和交通空气铅暴露为例，说明环境总暴露研究结果在环境健康风险防控重点确定的应用。

方法： 基于室内、室外和交通空气铅暴露介质浓度和人群暴露参数，分别估算环境铅暴露水平，根据暴露介质贡献比确定人群空气铅暴露防控重点。

结果： 基于暴露介质浓度，空气铅污染防控优先序为交通污染、大气污染和室内污染；基于人群环境暴露水平和暴露介质贡献比，空气铅污染防控优先序为室内污染、大气污染和交通污染（表 6-4）。

表 6-4　空气铅污染暴露介质浓度与人群暴露水平差异比较

铅	单位	室内	室外	交通	排序（高→低）		
暴露介质浓度	ng/m³	42.9984	56.8174	77.2489	交通	室外	室内
人群环境暴露水平	10^{-7} mg/（kg·d）	3.3827	0.7637	0.3156	室内	室外	交通
暴露介质贡献比	%	75.81	17.12	7.07	室内	室外	交通

结论： 在涉铅空气污染防治工作中，仅加强交通和室外空气铅污染防治不能有效降低人群空气铅暴露水平，需高度重视室内环境铅污染防治。

专栏 2　水质健康基准推导

目的：以饮用水中汞、砷和铬为例，说明环境总暴露研究结果在水质环境健康基准推导中的应用。

方法：依据《人体健康水质基准制定技术指南》（HJ 837—2017）非致癌和致癌效应基准推导方法见式（6-1），分别基于本研究和美国相关参数推导得到了砷人体健康水质基准值。

$$\mathrm{AWQC}_{\mathrm{noncancer}} = \mathrm{RfD} \times \mathrm{RSC} \times \left[\frac{\mathrm{BW} \times 1000}{\mathrm{DI} + \mathrm{FI} \times \mathrm{BCF}} \right] \qquad (6\text{-}1)$$

式中：$\mathrm{AWQC}_{\mathrm{noncancer}}$——非致癌水质基准，μg/L；

　　　　RfD——参考剂量，mg/（kg·d）；

　　　　RSC——饮水与食用水产品暴露贡献比[28]，%；

　　　　BW——体重，kg；

　　　　DI——饮水摄入量，L/d；

　　　　FI——水产品摄入量，kg/d；

　　　　BCF——生物富集系数，L/kg。

$$\mathrm{AWQC}_{\mathrm{cancer}} = \frac{\mathrm{TICR}}{q} \times \left[\frac{\mathrm{BW} \times 1000}{\mathrm{DI} + \mathrm{FI} \times \mathrm{BCF}} \right] \qquad (6\text{-}2)$$

式中：$\mathrm{AWQC}_{\mathrm{cancer}}$——致癌水质基准，μg/L；

　　　　q——致癌斜率系数，[mg/（kg·d）]$^{-1}$；

　　　　TICR——目标增量致癌风险，取 10^{-6}；

　　　　BW、DI、FI、BCF 含义参见式（6-1）。

结果：基于本研究结果推导砷人体健康非致癌和致癌水质基准值分别为 0.79 μg/L、0.014 μg/L，是基于美国研究结果获得推导值的 0.43 倍和 0.78 倍。综合考虑致癌和非致癌效应，把致癌和非致癌两个效应中的较低值作为基准值，因此本研究得到的砷人体健康水质基准值为 0.014 μg/L（表 6-5）。

表 6-5 砷人体健康水质基准值推导及所需相关参数

水质基准类型	数据来源	AWQC/ (μg/L)	相关参数							
			RfD[a]/ [mg/ (kg·d)]	q[b]/ [mg/ (kg·d)]^{-1}	RSC/ %	BW/ kg	DI/ (L/d)	FI/ (kg/d)	BCF[b]/ (L/kg)
非致癌	本研究	0.79	0.0003	—	11.12	62.43	1.43	0.0275	44
	美国	1.84			20	70	2	0.0065	
致癌	本研究	0.014	—	1.75	—	62.43	1.43	0.0275	44
	美国	0.018				70	2	0.0065	

注：

a：U.S.EPA. Regionalscreeninglevels （RSLS）-Generictables. https：//www.epa.gov/risk/regional-screening-levels-rsls-generic-tables. 2017（2018 年 9 月 1 日登录）.

b：U.S.EPA. National Recommended Water Quality Criteria：2002 Human Health Criteria Calculation Matrix. Washington，DC；Office of Water. 2002：1-2.

结论：各国环境暴露介质污染物浓度水平和人群环境暴露行为模式的差异，决定了环境暴露行为模式参数及介质贡献比的不同，由此导致获得的污染物人体环境健康基准推导值存在差异，各国应尽可能基于本国研究数据进行人体环境健康基准的推导和制修订工作。

第七章 结论和建议

一、主要结论

（1）调查居民汞、镉、砷、铅、铬的环境总暴露水平分别为 0.0472 μg/（kg·d）、0.1215 μg/（kg·d）、1.4135 μg/（kg·d）、0.8452 μg/（kg·d）和 3.7596 μg/（kg·d），暴露来源以膳食为主，其次为饮用水、土壤和空气，贡献比分别为 61.23%～99.77%、0.16%～30.69%、0.03‰～17.21% 和 0.01‰～1.67%。

（2）调查居民汞、镉、砷、铅、铬微环境暴露（膳食、室内空气、饮水和用水）贡献比为 96.90%～99.93%，高于大环境暴露（室外空气、交通空气、土壤）。饮食习惯、烹饪燃料使用类型、供暖方式及饮用水方式等是影响微环境暴露水平的重要因素。

（3）调查居民汞、镉、砷、铅、铬环境总暴露水平存在地区、城乡、性别和年龄差异。自然环境、社会经济、产业布局等是导致调查居民环境总暴露水平地区、城乡差异的重要因素；人群环境暴露行为模式是导致同一地区调查居民环境总暴露水平性别和年龄差异的重要因素。

（4）本研究填补了我国暴露评估领域基础数据的空白，了解了不同调查地区居民汞、镉、砷、铅、铬环境总暴露的特点，揭示了我国与国外人群环境总暴露水平的一致性规律及其存在的差异，研究成果可为我国环境健康基准制修订提供科学数据支撑。

（5）环境总暴露水平可以反映人群污染物多暴露途径的暴露量和贡献比，是表征暴露介质浓度和人群环境暴露特点的综合性指标，在以保障公众健康为目的确定环境风险防控重点及优先序中具有更强的针对性。

二、局限性

（1）受基础数据和经费所限，本研究仅能采取非概率抽样方法开展环境总暴露调查，随着生态环境监测逐步推进以及相关全国性调查的开展，未来可在有效整合、利用大数据的基础上，开展更具代表性的居民环境总暴露研究。

（2）膳食暴露量是一个综合性暴露指标，受环境质量、食品加工过程及人群饮食习惯等因素影响，其污染来源极其复杂，现阶段尚难准确估算其归因于空气、水、土壤的暴露贡献比。

三、建议

（1）重点开展环境总暴露调查技术规范、评价标准及应用服务研究，在一般地区与人群基础上，着重加强污染地区和敏感人群调查，推动环境总暴露调查成果在环境基准制修订、环境健康风险防控等工作中的应用。

（2）优化人群环境总暴露调查监测方案，开展与健康密切相关污染物的补充监测，为开展全国范围常态化居民环境总暴露调查、监测和风险评估，以及以健康风险防控为导向的环境管理工作奠定基础。

（3）加大公众环境与健康宣教力度，增强居民环境健康风险防范意识，提高公民环境与健康素养水平，营造爱护生态环境、倡导健康生活的良好风气。

参考文献

[1] Ott W R. Total Human Exposure [J]. Environmental Science & Technology, 1985, 19(10): 880-886.

[2] Ott W R. Total Human Exposure: Basic Concepts, EPA Field Studies, and Future Research Needs [J]. Journal of the Air & Waste Management Association, 1990, 40(7): 966-975.

[3] Wallace L A. The Total Exposure Assessment Methodology (TEAM) Study: Summary and Analysis, vol 1, EPA 600/6-87/002a.[R] Washington, DC: Office of Research and Development, U.S. Environmental Protection Agency, 1987.

[4] Meacher D M, Menzel D B, Dillencourt M D, et al. Estimation of Multimedia Inorganic Arsenic Intake in The U.S. Population [J]. Human & Ecological Risk Assessment, 2002, 8(7): 1697-1721.

[5] Kawabe Y, Komai T, Sakamoto Y. Exposure and Risk Estimation of inorganic Arsenic in Japan [J]. Journal of Mmij, 2003, 119(8): 489-493.

[6] Aung N N, Yoshinaga J, Takahashi J. Exposure Assessment of Lead Among Japanese Children [J]. Environmental Health & Preventive Medicine, 2004, 9(6): 257-261.

[7] Mato Y, Suzuki N, Kadokami K, et al. Human Exposure to PCDDs, PCDs, and Dioxin Like PCBs in Japan, 2001[A] Organohalogen Compounds[C]. Berlin, Germany: Proceedings of The Dioxin, 2004:2428-2434.

[8] Eunha O, Lee E I, Lim H, et al. Human Multi-Route Exposure Assessment of Lead and Cadmium For Korean Volunteers[J]. Journal of Preventive Medicine and Public Health, 2006, 39(1):53-58.

[9] Glorennec P, Lucas J P, Mercat A C, et al. Environmental and Dietary Exposure of Young Children to Inorganic Trace Elements[J]. Environment International, 2016, 97:28-36.

[10] Girman J R, Jenkins P L, Wesolowski J J. The Role of total Exposure in Air Pollution Control Strategies [J]. Environment International, 1989, 15(1): 511-515.

[11] Howd R A, Brown J P, Fan A M. Risk Assessment for Chemicals in Drinking Water: Estimation of Relative Source Contribution[R]. Baltimore, Maryland: Office of Environmental Health Hazard Assessment (OEHHA), 2004.

[12] Lioy P L, Waldman J M, Greenberg A, et al. The Total Human Environmental Exposure Study (THEES) to Benzo(a)pyrene: Comparison of the Inhalation and Food Pathways[J]. Archives of environmental health. 1988, 43(4): 304-312.

[13] Quackenboss J , Whitmore R , Clayton A , et al. Population-Based Exposure Measurements in EPA Region 5: A Phase I Field Study in Support of The National Human Exposure Assessment Survey[J]. Journal of Exposure Analysis & Environmental Epidemiology, 1995, 5(3):327-358.

[14] Wallace L A.. Personal Exposure to 25 Volatile Organic Compounds EPA's 1987 Team Study in Los Angeles, California [J]. Toxicology & Industrial Health, 1991, 7(5-6): 203-208.

[15] Hartwell T D, Pellizzari E D, Perritt R L, et al. Results from the Total Exposure Assessment Methodology (Team) Study in Selected Communities in Northern and Southern California [J]. Atmospheric Environment (1967), 1987, 21(9): 1995-2004.

[16] U.S.EPA. 1997e. Memorandum From Margaret Stasikowski, Health Effects Division to Health Effects Division Staff. "Hed Sop 97.2 interim Guidance For Conducting Aggregate Exposure and Risk Assessments (11/26/97);" [M]. Washington, D.C.; Office of Pesticide Programs, Office of Prevention, Pesticides, and Toxic Substances. 1997.

[17] Kurzius-Spencer M, Burgess J L, Harris R B, et al. Contribution of Diet to Aggregate Arsenic Exposures-an Analysis across Populations [J]. Journal of Exposure Science & Environmental Epidemiology, 2014, 24(2): 156-162.

[18] Rowbotham A L, Levy L S, Shuker L K. Chromium in the Environment: An Evaluation of Exposure of the UK General Population and Possible Adverse Health Effects [J]. Journal of Toxicology and Environmental Health, 2000, 3(3): 145-178.

[19] Ohno K, Ishikawa K, Kurosawa Y, et al. Exposure Assessment of Metal Intakes from Drinking Water Relative to Those from Total Diet in Japan [J]. Water Science & Technology, 2010, 62(11): 2694.

[20] Lee H M, Yoon E K, Hwang M S, et al. Health Risk Assessment of Lead in the Republic of Korea [J]. Human & Ecological Risk Assessment, 2003, 9(7): 1801-1812.

[21] Yeganeh M, Afyuni M, Khoshgoftarmanesh A H, et al. Health Risks of Metals in Soil, Water, and Major Food Crops in Hamedan Province, Iran [J]. Human & Ecological Risk Assessment, 2012, 18(3): 547-568.

[22] 张鹏，陈洁茹，孙静娴，等.大连市售经济鱼类体内汞、砷含量特征及其暴露风险分析[J].食品与营养科学，2013，2（1）：1-5.

[23] 王增焕，王许诺.华南沿海贝类产品重金属含量及其膳食暴露评估[J].中国渔业质量与标准，2014，4（1）：14-20.

[24] 王萍，王世亮，刘少卿，等.砷的发生、形态、污染源及地球化学循环[J].环境科学与技术，2010，33（7）：90-97.

[25] 马利英，董泽琴，吴可嘉，等.贵州农村地区室内空气质量及细颗粒物污染特征[J].中国环境监测，2015，31（1）：28-34.

[26] 秦平，吴志鹏，关雎.微波消解样品-电感耦合等离子体原子发射光谱法测定固体生物质燃料中的砷含量[J].理化检验-化学分册，2016，52（12）：1439-1442.

[27] Valcke M, Krishnan K. An Assessment of the Interindividual Variability of Internal Dosimetry During Multi-Route Exposure to Drinking Water Contaminants [J]. International Journal of Environmental Research & Public Health, 2010, 7(11): 4002.

[28] U.S.EPA. Human Health Ambient Water Quality Criteria and Fish Consumption Rates: Frequently Asked Questions[EB/OL].http://water.epa.gov/scitech/swguidance/standards/criteria/health/methodology/upload/hhfaqs.pdf, 2013-01-18.

附件 1 典型地区居民金属环境总暴露行为模式调查问卷

根据中华人民共和国《统计法》第三章第十五条规定："属于私人、家庭的单项调查资料，非经本人同意，不得外泄。"

尊敬先生/女士：你好！

下面这些问题主要想了解您在日常生活中与金属相关的暴露情况，您所提供的所有信息我们将会为你绝对保密，敬请放心！

你的回答没有对错之分，但对我们非常重要，请根据你的实际情况如实认真回答。非常感谢您的支持与配合！

典型地区居民金属环境总暴露项目调查组

2016 年

我已认真阅读该知情同意书，研究人员已经向我做了详尽说明，并解答了我的问题。我已充分知晓以上调查内容，同意参加调查。

被调查对象签字：＿＿＿＿＿＿＿＿　　　　日期：□□□□年□□月□□日

典型地区居民金属环境总暴露行为模式问卷调查表

姓名：_____	**请注意：右侧深色部分由调查员填写** 代码：☐☐☐
性别：①男 ②女 _____	性别代码：☐
出生日期：_____年 ____月_____日 （请填写公历日期）	出生日期代码：☐☐☐☐☐☐☐☐
调查点名称（县/区）：_____	调查点代码：☐☐
联系电话：_____	联系电话：☐☐☐☐☐☐☐☐☐☐☐
身份证号码：☐☐☐☐☐☐☐☐☐☐☐☐☐☐☐☐☐☐J1	
身高：_____cm	体重：_____kg	心率：_____次/分
调查员签名：_____ 日期：☐☐☐☐年 ☐☐月☐☐日	质控员签名：_____ 日期：☐☐☐☐年☐☐月☐☐日
	督导员签名：_____ 日期：☐☐☐☐年☐☐月☐☐日

| 1 | 您的基本信息如下： | | | | | | | | | |

姓名	家庭人口数	与户主关系	性别	民族	出生日期	身份证号码	文化程度	婚姻状况	职业

详细登记家庭成员基本信息，按照户口本登记的相关信息登记，如果夫妻双方没有在同一户口本上，请以调查对象为户主，填写其他成员的相关信息；当有两个及以上同一关系成员时，按照年龄从大到小的顺序填写。

注：

家庭人口数：按照家庭实际人口数填写，人口数包括所有有经济关系的成员，包括由家庭资助在外上学的单身学生和户口独立但同饮食的"小家庭"；

与户主关系：①户主 ②之妻 ③之夫 ④之子 ⑤之女 ⑥之儿媳 ⑦之女婿 ⑧之父 ⑨之母 ⑩其他（请注明）＿＿＿＿＿＿＿＿＿＿；

性别：①男 ②女；

民族：①汉族 ②蒙古族 ③藏族 ④维吾尔族 ⑤苗族 ⑥彝族 ⑦回族 ⑧壮族 ⑨布依族 ⑩朝鲜族 ⑪满族 ⑫侗族 ⑬瑶族 ⑭白族 ⑮土家族 ⑯哈尼族 ⑰哈萨克族 ⑱傣族 ⑲黎族 ⑳其他（请注明）＿＿＿＿＿＿；

文化程度：①小学及以下 ②初中毕业 ③高中/中专/技校 ④大专毕业 ⑤本科及以上；

婚姻状况：①已婚 ②未婚 ③丧偶 ④离异；

职业：①农民 ②工人 ③室内工作者 ④与交通运输有关 ⑤退休人员 ⑥个体户 ⑦其他＿＿＿＿＿＿（如以上选项无法表明具体职业，请选择其他并填写）。

| 2 | 您家年度总收入是＿＿＿＿＿＿元，总支出是＿＿＿＿＿＿元，其中食品支出是＿＿＿＿＿＿元。 |

①<10000 ②10000～<30000 ③30000～<50000 ④50000～<100000 ⑤≥100000。

您家年度总支出，指家庭调查年的前一年，除借贷支出以外的全部实际支出。包括消费性支出、购房建房支出、转移性支出、财产性支出、社会保障支出。支出统计是以实际购得的商品或服务的总价值填报，不论其付款方式是一次性付清、分期付款，还是赊购，只要商品或服务已被消费就要按其总价值计量。

| 3 | 您平常洗手、洗脸、洗澡等最主要的水源是什么？（单选）＿＿＿＿ | ①集中供水 ②井水 ③直接取用地表水（河水、湖水、池塘水、水库水） ④泉水 ⑤窖水 ⑥二次供水 ⑦其他（请注明）＿＿＿＿＿。 |

季节	家庭	工作场所/学校	其他（请注明）＿＿＿＿＿
春季（3—5 月）			
夏季（6—8 月）			
秋季（9—11 月）			
冬季（12—次年 2 月）			

注：单选，当用水的水源多于一种时，选择最主要的用水源。

①集中供水：由水龙头供水，经过自来水厂集中消毒，含农村未经自来水厂集中消毒龙头水；②井水：包括敞口或压把井水；③直接取用地表水：如河水、湖水、池塘水、水库等地表水；④泉水；⑤窖水指某些缺水地区搜集雨水、雪水或自来水后自行进行简单处理或不进行处理后使用的水；⑥二次供水：指单位或个人将城市公共供水或自建设施供水经储存、加压，通过管道再供用户或自用的形式。如为其他选择⑦，并在横线上注明。

4 不同季节，您的洗澡情况：

季节	洗澡场所	洗澡方式	洗澡频率（次/月）	水接触时间
春季（3—5月）	☐ _____	☐ ___	☐☐	
夏季（6—8月）	☐ _____	☐ ___	☐☐	
秋季（9—11月）	☐ _____	☐ ___	☐☐	
冬季（12—次年2月）	☐ _____	☐ ___	☐☐	

注：洗澡场所：①家里 ②公共浴室 ③江河湖库等淡水水体 ④其他（请注明）；

洗澡方式：①盆浴 ②淋浴 ③冲洗 ④其他（请注明）。

均为单选。洗澡场所：当被调查者洗澡场所多于一种时，请选择主要的洗澡场所。如果答案中没有相关选项，请选择"④"，并在☐后面横线上用文字注明；洗澡方式：当被调查者洗澡方式多于一种时，请选择主要的洗澡方式。①盆浴：指在澡盆中的沐浴方式；②淋浴：指用喷头沐浴形式；③冲洗：指在自己家中用脸盆等形式冲洗；如果答案中没有相关选项，请选择"④"，并在☐后面横线上用文字注明；洗澡频率：为各季节平均每月的次数，取整数，每月平均不足1次，填写00；洗澡时间：指在洗澡过程中与水实际接触的时间，不包括脱、穿衣服的时间。

5 您是否游泳？_____ ①否（跳转至问题7）②是

游泳选择"①否"，请跳转至问题7；不游泳选择"②是"，继续作答。

6 不同季节，您的游泳情况？

季节	游泳场所	游泳频率（次/月）	游泳时间（分钟/次）
春季（3—5月）	☐_____	☐☐	
夏季（6—8月）	☐_____	☐☐	
秋季（9—11月）	☐_____	☐☐	
冬季（12—次年2月）	☐_____	☐☐	

注：游泳场所：①游泳馆　②湖库池塘等　③江、河等　④海　⑤其他（请注明）。

询问被调查者各季节主要的游泳场所、游泳频率和每次平均游泳的时间，均为单选。

游泳场所：当被调查者的游泳场所多于一种时，请选择主要的游泳场所。如果答案中没有相关选项，请选择"⑤"，并在□后面横线上用文字注明。

游泳频率：为各季节平均每月的游泳次数，取整数，每月平均不足 1 次，填写 00。

游泳时间：指在游泳过程中与水实际接触的时间，不包括脱、穿衣服的时间。

7 过去 1 年，您在生活或工作中是否与土壤有直接接触？＿＿＿＿＿＿＿

①否（跳转至问题 9）　②是

过去 1 年，调查对象生活或工作中未接触土壤，选择"①否"，跳转至问题 9，如果接触选择"②是"，则继续询问。

8 过去 1 年，您在生活或工作中与土壤直接的接触情况？

接触原因	平均每天接触时间
①务农性接触	□□小时□□分钟/天
②其他生产性接触	□□小时□□分钟/天
③健身休闲性接触	□□小时□□分钟/天
④其他（请注明）＿＿＿＿	□□小时□□分钟/天

若选择其他接触原因，请在"平均每天接触时间"里填写具体接触时间，并根据实际接触的原因逐项填写。如果选项里没有答案，则在④其他选项后面的横线上以文字注明。

9 不同季节您的室内停留情况（包括睡眠时间）：

季节	工作日室内停留时间	休息日室内停留时间
春秋季（3—5 月、9—11 月）	□□小时□□分钟/天	□□小时□□分钟/天
夏季（6—8 月）	□□小时□□分钟/天	□□小时□□分钟/天
冬季（12—次年 2 月）	□□小时□□分钟/天	□□小时□□分钟/天

室内指封闭空间的建筑内。室内活动时间包括室内的睡眠时间。分季节询问工作/上学日每天平均室内活动时间。

10 不同季节，您出行使用各种交通方式的累积时间：

方式	累计时间/（分钟/天）					
	春秋季		夏季		冬季	
	工作日	休息日	工作日	休息日	工作日	休息日
步行						

10	自行车和/或电动车					
	摩托车					
	小轿车					
	公交车					
	地铁/火车					
	其他（请注明）_____					

注：首先，是否有使用这种交通工具，如果否，则累计时间填写 0，并跳转至下一种交通方式；如果是，请继续回答该种交通方式的平均每天累计使用时间，单位为分钟/天。

11	不同季节除了交通出行之外，您的户外活动情况：		
	季节	工作日户外活动时间	休息日户外活动时间
	春秋季（3—5 月、9—11 月）	□□小时□□分钟/天	□□小时□□分钟/天
	夏季（6—8 月）	□□小时□□分钟/天	□□小时□□分钟/天
	冬季（12—次年 2 月）	□□小时□□分钟/天	□□小时□□分钟/天

各季节您除了交通出行之外，平均每天在户外的活动时间。

12	您是否吸烟？_____	①不吸烟　②吸烟　③已戒烟（戒烟时长_____）

吸烟指从第 1 支开始，累计 100 支；戒烟是指以前吸过，目前已戒掉吸烟习惯，戒烟时长是指从最近一次戒烟行为到今天的累计时间。

13	近半年，您的饮酒频率情况：_____	①不饮酒或偶尔聚会时少量饮酒　②每周饮酒 1～2 次 ③每周至少饮酒 3 次　④每天饮酒至少 1 次

按实际饮酒频率填写。如果不饮酒或偶尔聚会时少量饮，请选择①。

14	您啃咬东西的习惯：			
	活动类型	是否啃咬	频率（次/天）	每次持续时间（分钟/次）
	吸吮手指或是咬指甲	_____	□□	□□
	吸吮或咬笔	_____	□□	□□
	吸吮或咬拉链等	_____	□□	□□
	其他（请注明）_____	_____	□□	□□

注：是否啃咬：①否　②是
啃咬东西的习惯，让被调查者逐一填写在各种活动类型下的频率和每次持续时间。
首先，是否有这种活动，如果选择"①否"，则跳转至下一种活动类型；如果选择"②是"，请继续回答该种活动类型下的频率和每次持续时间。每次啃咬行为发生后间隔 10 分钟以上，算为 1 个有效次数。

| 15 | 您是否长期服用营养品或药物（持续 1 月以上）？_____　　①否　②是 | | | |

| 16 | 您日常饮水最主要的来源是什么？
单选_____ | ①集中供水　②井水　③直接取用地表水　④泉水　⑤窖水
⑥二次供水　⑦桶装水或纯净水　⑧其他（请注明_____） | | |

季节	家里	工作场所/学校	其他
春秋季（3—5 月、9—11 月）			
夏季（6—8 月）			
冬季（12—次年 2 月）			

单选题，请将被调查者最主要的饮水来源所对应的编号填写在问题后面的横线；如果答案中没有相关选项，请在方框中填写⑧，并在选项⑧后面的横线上用文字注明。

各种水源的说明如下：①集中供水：由水龙头供水，经过自来水厂集中消毒，含农村未经自来水厂集中消毒龙头水；②井水：包括敞口或压把井水；③直接取用地表水：如河水、湖水、池塘水、水库等地表水；④泉水；⑤窖水指某些缺水地区搜集雨水、雪水或自来水后自行进行简单处理或不进行处理后饮用的水；⑥二次供水：指单位或个人将城市公共供水或自建设施供水经储存、加压，通过管道再供用户或自用的形式；⑦桶装水或纯净水：净化后的水。如为其他选择⑧，并在横线上注明。

| 17 | 不同季节，您喝白水及冲调水的情况：（请调查员出示 300mL 的标准瓶） |

季节	喝白水情况	喝冲调水情况				
	每天饮用量/ （mL/d）	饮用频次（三选一）			饮用量（二选一）	
		次/天	次/周	次/月	每次饮用量/ 瓶	每天饮用量/ （mL/d）
春秋季（3—5 月、9—11 月）						
夏季（6—8 月）						
冬季（12—次年 2 月）						

| 17 | 不同季节，您喝白水及冲调水的情况（请调查员出示 300 mL 的标准瓶）？在调查此题时，调查员要向被调查者出示标准瓶（标准瓶的大小为 300 mL），并协助被调查者根据标准瓶来估算其夏、春秋和冬季日常喝白水及冲调水的量是多少标准瓶。

在询问冲调水的饮用情况时，首先询问被调查者冲调水的饮用频次，饮用频次仅填写三列中的一列，当被调查者喝冲调水的频次不足 1 次/天时，填写次/周，当饮用频次不足 1 次/周时，填写次/月，然后再询问各季节每次的饮用量是多少标准瓶？饮用量二选一填写。

白水包括购买的桶装或瓶装的矿泉水、纯净水等；冲调水指以蜂蜜、酸梅晶、果汁等形式冲饮的水，不包括购买的饮料等。每次饮用行为发生后间隔 10 分钟以上，算为 1 个有效次数。

18 各季节您喝粥和汤（粥和汤中含水部分的总和）的情况：（请调查员出示 300mL 的标准碗）

季节	食用频率（三选一）			食用量（二选一）	
	次/天	次/周	次/月	每次食用量/碗	每天食用量/（mL/d）
春秋季（3—5 月、9—11 月）					
夏季（6—8 月）					
冬季（12—次年 2 月）					

首先询问被调查者各季节喝粥和汤的频次，食用频次仅填写三列中的一列，当食用的频次不足 1 次/天时，填写次/周，当食用频次不足 1 次/周时，填写次/月；接着调查员要向被调查者出示标准碗（300mL），并协助被调查者根据标准碗来估算其各季节每次喝粥和汤的量是多少标准碗？喝粥和汤量计算的是粥和汤中水部分的总和。当粥的稠度被调查者不能估算时，粥中水量按如下方法折算：筷子在粥中能够立住不倒下，则其中水的含量按总粥量的 70%折算，即碗数×0.7；筷子在粥中立不住，但在倾倒的时候不能呈流状，则其中水的含量按总粥量的 80%折算，即碗数×0.8；粥的稠度在倾倒的时候呈流状，但呈糊状，则其中水的含量按总粥量的 90%折算，即碗数×0.9。每一顿算为一个有效频次。

19 您春季食物食用情况：

食物—春季（3—5 月）	分类	食用频次（二选一）		每次食用量	主要来源
		次/天	次/月		
主食					
蔬菜					

19					
水果					
乳类					
肉类					
水产类					
蛋类					
豆类					

分类：

主食的种类：①大米 ②白面 ③小米 ④黄米 ⑤玉米面 ⑥红薯 ⑦其他；

蔬菜的种类：①白菜 ②土豆 ③西红柿 ④黄瓜 ⑤豆角 ⑥西葫芦 ⑦茄子 ⑧辣椒 ⑨菜花
⑩胡萝卜 ⑪洋葱 ⑫蒜薹 ⑬菠菜 ⑭生菜 ⑮油菜 ⑯冬瓜 ⑰金针菇 ⑱韭菜
⑲莲藕 ⑳其他；

水果的种类：①苹果 ②梨 ③芒果 ④桃子 ⑤李子 ⑥葡萄 ⑦甜瓜 ⑧西瓜 ⑨枣 ⑩香蕉
⑪橙子 ⑫其他；

乳类的种类：①酸奶 ②牛奶 ③羊奶 ④奶酪 ⑤其他；

肉类的种类：①猪肉 ②牛肉 ③羊肉 ④鸡肉 ⑤鸭肉 ⑥其他；

水产品的种类：①淡水鱼 ②海鱼 ③海带 ④虾 ⑤其他；

蛋类的种类：①鸡蛋 ②鸭蛋 ③鹅蛋 ④鹌鹑蛋 ⑤其他；

豆类的种类：① 黄豆 ②红豆 ③绿豆 ④黑豆 ⑤其他；

食用频次：日均食用次数不足一次时，填写月均食用次数。

每次食用量：以熟重计。

主要来源：①自产（指非菜市场或其他途径购买的食物，是自己或亲人种植的食物）
②连锁超市 ③其他超市 ④批发市场 ⑤其他市场 ⑥路边摊
⑦其他_____

20　您夏季食物食用情况：

食物—夏季 （6—8 月）	分类	食用频次		每次食用量	主要来源
		次/天	次/月		
主食					
蔬菜					
水果					
乳类					
肉类					
水产类					
蛋类					
豆类					

注释同 19。

21　您秋季食物食用情况：

食物—秋季 （9—11 月）	分类	食用频次		每次食用量	主要来源
		次/天	次/月		
主食					
蔬菜					

21	食物—秋季（9—11 月）	分类	食用频次		每次食用量	主要来源
			次/天	次/月		
	水果					
	乳类					
	肉类					
	水产类					
	蛋类					
	豆类					

注释同 19。

22	您冬季食物食用情况：					
	食物—冬季（12—次年 2 月）	分类	食用频次		每次食用量	主要来源
			次/天	次/月		
	主食					
	蔬菜					
	水果					
	乳类					

22	食物—冬季 （12—次年2月）	分类	食用频次		每次食用量	主要来源
			次/天	次/月		
	肉类					
	水产品					
	蛋类					
	豆类					
	注释同19。					
23	您家每年几个月的取暖期？□.□					
	根据实际情况填写，如3个月15天，则填写3.5。					
24	您家冬季采用什么取暖？ _____	①集中供暖 ②燃气供暖 ③燃煤供暖 ④电暖 ⑤其他（请注明）_____				
	①集中供暖：指由统一的供热机构供暖，通过管道（热水或蒸汽）传输到各家中，用暖气片的方式取暖。包括有分户独立控制阀（即输送到各家后，各家可根据需要控制取暖与否）和没有分户独立控制阀的取暖方式。②燃气供暖：主要指城市地区，居民在自己家中采用天然气等清洁能源，将热水或蒸汽通过管道传输到各房间中，用暖气片的方式取暖。③燃煤供暖：指在居室中直接放置以型煤或蜂窝煤等为燃料的炉灶（或土炕）形式取暖。④电暖（电暖气或空调）：指采用电暖气片、空调，或地面埋设电阻丝的形式取暖。⑤其他，请在注明后面的横线上填写。					

您好！

我们将在该调查的基础上筛选部分被调查对象参与后期的环境总暴露监测，届时将对您个人的饮食、饮水、生活环境的室内外空气、室外土壤、室内积尘，以及食材进行两季（采暖期和非采暖期）3天24小时的跟踪监测，就您的环境暴露情况进行综合评估。非常感谢您的支持与配合！

我已认真阅读该知情同意书，调查人员已经向我做了详尽说明，并解答了我的问题。我已充分知晓以上调查内容，同意参加调查。

被调查人签字：

年 月 日

附件 2 暴露参数计算方法

一、暴露参数计算

（一）呼吸量

$$IR = \frac{BMR \times E \times VQ \times A}{1000}$$

附式 1

式中：IR——长期呼吸量，m^3/d；

　　　BMR——基础代谢率，kJ/d；

　　　E——单位能量代谢耗氧量，通常取 0.05L/kJ；

　　　VQ——通气当量，通常为 27；

　　　A——长期呼吸量计算系数。

附表 1　各年龄段人群 BMR 的计算方法[*]

年龄	男	女
18 岁～	BMR=63BW[**]+2896	BMR=62BW＋2036
30 岁～	BMR=48BW＋3653	BMR=34BW＋3538
60 岁～	BMR=49BW+2459	BMR=38BW＋2755

注：[*]U.S. EPA（Environmental Protection Agency）.（2011） Exposure Factors Handbook: 2011 Edition. National Center for Environmental Assessment，Washington，DC；EPA/600/R-09/052F.pp6-79.

[**] BW 为体重，kg。

附表 2　各年龄段人群长期呼吸量系数[*]

年龄	男	女
18 岁～	1.9	1.6
23 岁～	1.8	1.6
35 岁～	1.8	1.5
51 岁～	1.7	1.5
65 岁～	1.8	1.5
75 岁～	1.9	1.6

注：[*]U.S. EPA（Environmental Protection Agency）.（2011）Exposure Factors Handbook: 2011 Edition. National Center for Environmental Assessment，Washington，DC；EPA/600/R-09/052F.pp6-78.

（二）皮肤比表面积

$$SA = 0.012H^{0.6}BW^{0.45}$$ 附式 2

式中：SA——皮肤比表面积，m^2；

　　　H——身高，cm；

　　　BW——体重，kg。

二、综合暴露系数计算

（一）与空气相关综合暴露系数

$$EI_{in} = \frac{IR \times ET_{in}}{BW \times 1440}$$ 附式 3

式中：EI_{in}——室内空气综合暴露系数，$m^3/$（kg·d）；

　　　IR——呼吸量，m^3/d；

　　　ET_{in}——室内活动时间，min/d；

　　　BW——体重，kg。

$$EI_{out} = \frac{IR \times ET_{out}}{BW \times 1440}$$ 附式 4

式中：EI_{out}——室外空气综合暴露系数，$m^3/$（$kg·d$）；

　　　IR——呼吸量，m^3/d；

　　　ET_{out}——室外活动时间，min/d；

　　　BW——体重，kg。

$$EI_{tr} = \frac{IR \times ET_{tr}}{BW \times 1440}$$

附式 5

式中：EI_{tr}——交通空气综合暴露系数，$m^3/$（$kg·d$）；

　　　IR——呼吸量，m^3/d；

　　　ET_{tr}——交通出行时间，min/d；

　　　BW——体重，kg。

（二）与饮用水相关综合暴露系数

$$EI_{dw} = \frac{IR_w}{BW \times 1000}$$

附式 6

式中：EI_{dw}——饮水综合暴露系数，$L/$（$kg·d$）；

　　　IR_w——饮水量，ml/d；

　　　BW——体重，kg。

$$EI_{uw} = \frac{SA \times ET_w}{BW \times 1440}$$

附式 7

式中：EI_{uw}——用水综合暴露系数，m^2/kg；

　　　SA——皮肤表面积，m^2；

　　　ET_w——与水接触时间，min/d；

　　　BW——体重，kg。

（三）与土壤相关综合暴露系数

$$EI_{ds} = \frac{SA \times ET_s \times EV}{BW \times 1440}$$

附式 8

式中：EI_{ds}——土壤经皮肤综合暴露系数，$m^2/$（$kg·d$）；

　　　SA——皮肤表面积，$m^2/event$；

ET_s——与土壤接触时间，min/d；

EV——与土壤接触频次，event/d；

BW——体重，kg。

$$\text{EI}_\text{is} = \frac{\text{IR}}{\text{BW}} \qquad\qquad 附式9$$

式中：EI_is——土壤经呼吸道综合暴露系数，$\text{m}^3/\text{（kg·d）}$；

IR——呼吸量，m^3/d；

BW——体重，kg。

$$\text{EI}_\text{os} = \frac{\text{IR}_\text{soil}}{\text{BW}} \qquad\qquad 附式10$$

式中：EI_os——土壤经消化道综合暴露系数，$\text{mg}/\text{（kg·d）}$；

IR_soil——土壤/尘摄入量，mg/d；

BW——体重，kg。

（四）与膳食相关综合暴露系数

$$\text{EI}_\text{of} = \frac{\text{IR}_\text{food}}{\text{BW}} \qquad\qquad 附式11$$

式中：EI_of——膳食综合暴露系数，$\text{g}/\text{（kg·d）}$；

IR_food——膳食摄入量，g/d；

BW——体重，kg。

附件 3 暴露量估算方法

一、暴露介质暴露量估算

$$ADD_{total}=ADD_{air}+ADD_{water}+ADD_{soil}+ADD_{food} \qquad 附式 12$$

式中：ADD_{total}——金属环境总暴露量，mg/（kg·d）；

ADD_{air}——空气（室内/居民区/交通）中金属经呼吸道日均暴露量，mg/（kg·d）；

ADD_{water}——水中金属日均暴露量，mg/（kg·d）；

ADD_{soil}——土壤中金属日均暴露量，mg/（kg·d）；

ADD_{food}——食物中金属经消化道日均暴露量，mg/（kg·d）。

（一）空气

$$ADD_{air}=ADD_{in}+ADD_{out}+ADD_{tr} \qquad 附式 13$$

式中：ADD_{air} ——空气中金属日均暴露量，mg/（kg·d）；

ADD_{in} ——室内空气中金属日均暴露量，mg/（kg·d）；

ADD_{out} ——室外空气中金属日均暴露量，mg/（kg·d）；

ADD_{tr} ——交通空气中金属日均暴露量，mg/（kg·d）。

$$ADD_{in/out/tr} = \frac{C_{in/out/tr} \times EI_{in/out/tr} \times EF \times ED}{AT} \qquad 附式 14$$

式中：$ADD_{in/out/tr}$——室内/室外/交通空气中金属日均暴露量，mg/(kg·d)；

$C_{in/out/tr}$——室内/室外/交通空气中金属浓度，mg/m^3；

EI$_{in/out/tr}$——室内/室外/交通空气综合暴露系数，m^3/(kg·d)；

EF——暴露频率，d/a；

ED——暴露持续时间，a；

AT——平均暴露时间，d。

（二）饮用水

$$ADD_{water}=ADD_{w-oral}+ADD_{w-dermal} \qquad 附式 15$$

式中：ADD$_{water}$——经水暴露金属量，mg/（kg·d）；

ADD$_{w-oral}$——水中金属经消化道日均暴露量，mg/（kg·d）；

ADD$_{w-dermal}$——水中金属经皮肤接触的日均暴露量，mg/（kg·d）。

1. 饮水

$$ADD_{w-oral} = \frac{C_{w-oral} \times EI_{dw} \times EF \times ED}{AT} \qquad 附式 16$$

式中：ADD$_{w-oral}$——饮水金属日均暴露量，mg/（kg·d）；

C_{w-oral}——饮水中金属浓度，mg/L；

EI$_{dw}$——饮水综合暴露系数，L/（kg·d）；

EF——暴露频率，d/a；

ED——暴露持续时间，a；

AT——平均暴露时间，d。

2. 用水

$$ADD_{w-dermal} = \frac{C_{w-dermal} \times EI_{uw} \times PC \times EF \times ED \times 240}{AT} \qquad 附式 17$$

式中：ADD$_{w-dermal}$——用水金属日均暴露量，mg/（kg·d）；

$C_{w-dermal}$——用水中金属浓度，mg/L；

EI$_{uw}$——用水综合暴露系数，m^2/kg；

PC——金属的皮肤渗透常数，cm/h；

EF——暴露频率，d/a；

ED——暴露持续时间，a；

AT——平均暴露时间，d。

（三）土壤

$$ADD_{soil}=ADD_{s\text{-}dermal}+ADD_{s\text{-}oral}+ADD_{s\text{-}inh} \qquad 附式18$$

式中：ADD_{soil}——经土壤暴露金属量，mg/（kg·d）；

$ADD_{s\text{-}inh}$——土壤中金属经呼吸道日均暴露量，mg/（kg·d）；

$ADD_{s\text{-}oral}$——土壤中金属经消化道日均暴露量，mg/（kg·d）；

$ADD_{s\text{-}dermal}$——土壤中金属经皮肤接触的日均暴露量，mg/（kg·d）。

1. 经呼吸道

$$ADD_{s\text{-}inh}=\frac{C_s \times EI_{is} \times EF \times ED}{PEF \times AT} \qquad 附式19$$

式中：$ADD_{s\text{-}inh}$——土壤中金属经呼吸道日均暴露量，mg/（kg·d）；

C_s——土壤中金属的浓度，mg/kg；

EI_{is}——土壤经呼吸道综合暴露系数，m³/（kg·d）；

PEF——起尘因子，$1.36×10^9$ m³/kg；

EF——暴露频率，d/a；

ED——暴露持续时间，a；

AT——平均暴露时间，d。

2. 经消化道

$$ADD_{s\text{-}oral}=\frac{C_s \times EI_{os} \times CF \times FI \times EF \times ED}{AT} \qquad 附式20$$

式中：$ADD_{s\text{-}oral}$——土壤中金属经消化道日均暴露量，mg/（kg·d）；

C_s——土壤中金属浓度，mg/kg；

EI_{os}——土壤经消化道综合暴露系数，mg/（kg·d）；

CF——转换因子，单位 10^{-6}kg/mg；

FI——经口摄入土壤的吸收率因子，无量纲，取值为1；

EF——暴露频率，d/a；

ED——暴露持续时间，a；

AT——平均暴露时间，d。

3. 皮肤

$$\mathrm{ADD_{s\text{-}dermal}} = \frac{C_s \times \mathrm{EI_{ds}} \times \mathrm{CF} \times \mathrm{AF} \times \mathrm{ABS_d} \times \mathrm{EF} \times \mathrm{ED} \times 10000}{\mathrm{AT}} \qquad \text{附式 21}$$

式中：$\mathrm{ADD_{s\text{-}dermal}}$——土壤中金属经皮肤接触的日均暴露量，mg/（kg·d）；

C_s——土壤中金属浓度，mg/kg；

$\mathrm{EI_{ds}}$——土壤经皮肤综合暴露系数，$\mathrm{m^2}$/（kg·d）；

CF——转换因子，10^{-6} kg/mg；

AF——皮肤对土壤的黏附因子，$\mathrm{mg/cm^2}$，取值为 0.2；

$\mathrm{ABS_d}$——皮肤吸收系数，量纲为一，其中 As 为 0.03，其余金属为 0.001；

EF——暴露频率，d/a；

ED——暴露持续时间，a；

AT——平均暴露时间，d。

（四）膳食

$$\mathrm{ADD_{food}} = \frac{C_f \times \mathrm{EI_{of}} \times \mathrm{FI} \times \mathrm{EF} \times \mathrm{ED}}{\mathrm{AT} \times 1000} \qquad \text{附式 22}$$

式中：$\mathrm{ADD_{food}}$——膳食金属日均暴露量，mg/（kg·d）；

C_f——膳食中金属浓度，mg/kg；

$\mathrm{EI_{of}}$——膳食综合暴露系数，g/（kg·d）；

FI——经消化道摄入膳食的吸收因子，量纲为一，取值为 0~1，未计算风险，
取值为 1；

EF——暴露频率，d/a；

ED——暴露持续时间，a；

AT——平均暴露时间，d。

二、暴露贡献比估算

$$RSC_i = \frac{ADD_i}{\sum ADD} \times 100\%$$ 　　　　附式 23

式中：RSC_i——污染物环境暴露介质 i 贡献比；

　　　ADD_i——污染物经环境暴露介质 i 的暴露量；

　　　$\sum ADD$——污染物环境总暴露量。

附表 3　暴露量估算参数来源

参数	取值	来源
土壤摄入量	50mg	环境保护部. 中国人群暴露参数手册（成人卷）[M]. 北京：中国环境出版社，2013：262.
起尘因子	$1.36 \times 10^9 m^3/kg$	U.S.EPA.Supplemental Guidance for Developing Soil Screening Levels for Superfund Sites [R].Washington，DC: Office of Emergency and Remedial Response，2001：4-17.
皮肤渗透常数	As 0.0010cm/h	U.S. EPA，Risk Assessment Guidance for Superfund: Volume I - Human Health Evaluation Manual (Part E, Supplemental Guidance for Dermal Risk Assessment (Final)) [R]. EPA/540/R/99/005. Washington, DC: Office of Superfund Remediation and Technology Innovation, 2004：B-21.
	Pb 0.000004cm/h Cr 0.002cm/h Cd 0.001cm/h Hg 0.001cm/h	U.S.EPA. Dermal Exposure Assessment：Principles and Applications [R]. EPA /600/8-91/011B. Washington, DC: Office of Health and Environmental Assessment, 1992: 5-9, 5-11.
皮肤的黏附因子	量纲为一，0.2	环境保护部. HJ25.3—2014污染场地风险评估技术导则[S]. 北京：中国环境科学出版社，2014.
皮肤吸收系数	量纲为一,砷为0.03，其余金属为0.001	U.S. EPA, Risk Assessment Guidance for Superfund: Volume I - Human Health Evaluation Manual (Part E, Supplemental Guidance for Dermal Risk Assessment (Final)) [R]. EPA/540/R/99/005. Washington, DC: Office of Superfund Remediation and Technology Innovation, 2004: 3-16.